“生态文明”科普读物

气候变化
地球会改变什么？

肖国举　张　强　编著

内容提要

全球变暖已经严重影响到人类的生存和社会的可持续发展，正在改变着我们的世界。本书从全球变暖事实与假说、气候变化灾害与风险、动植物行为变化、冰川融化与海洋危害、粮食与水安全挑战、人类健康与人类文明、低碳时代与低碳生活等方面，汇集了科学界对全球变暖的基本认识和取得的最新研究成果。旨在让从事气候变化研究的学者与非专业学者、普通大众和决策者之间架起一道思想沟通的桥梁，使人们能够真正认识到全球变暖对粮食生产、生态环境、人类健康安全影响的重要性和迫切性。

本书可供气象、地理、环境、生态、水文、农业、食品、旅游、人文相关领域的科研人员、政府管理人员以及高校师生参考。

图书在版编目（CIP）数据

气候变化 地球会改变什么？/ 肖国举，张强编著 .—北京：气象出版社，2013.6（2015.12 重印）

ISBN 978-7-5029-5726-1

Ⅰ.①气… Ⅱ.①肖… ②张… Ⅲ.①气候变化 - 研究 ②全球变暖 - 研究 Ⅳ.① P467 ② X16

中国版本图书馆 CIP 数据核字（2013）第 114472 号

出版发行：气象出版社

地　　址：北京市海淀区中关村南大街 46 号　　邮政编码：100081

总 编 室：010-68407112　　发 行 部：010-68409198

网　　址：http://www.qxcbs.com　　E-mail：qxcbs@cma.gov.cn

责任编辑：蔺学东　　终　　审：章澄昌

封面设计：博雅思企划　　责任技编：吴庭芳

印　　刷：北京京华虎彩印刷有限公司

开　　本：700 × 1000 1/16　　印　　张：14.00

字　　数：252 千字

版　　次：2013 年 6 月第 1 版　　印　　次：2015 年 12 月第 2 次印刷

定　　价：45.00 元

前 言

气候变暖引起全球降水量重新分配、冰川和冻土消融、海平面上升，以及带来的极端异常天气气候现象如干旱、洪涝、冻害、冰雹、沙尘暴等造成严重自然灾害，给农业生产、人类健康、生态环境、社会经济等诸多方面产生严重的影响，直接威胁人类食物供应和居住环境。全球气候变暖不仅仅是一个科学问题，而且是一个涵盖政治、经济、能源等方面的综合性问题，全球变暖的事实已经上升到国家安全的战略高度。

到目前为止，全球气候变暖的原因还没有哪一种学说或观点，能够提供一幅清晰的图像。本书介绍了目前流行的几种关于气候变化的观点和学说，这些观点或学说或许与科学真理仍有一定的距离，只是流行而已，如古代流行的“地心说”最终被“日心说”所代替。相反，被一度批判或冷落的学说如“大陆漂移说”则在新证据的支持下获得新生。

科学界主流观点认为，近 100 年的人类活动对气候变化的影响大大改变了气候变化的自然规律，增加了气候变化的不确定性，增大了预测气候变化的难度。人类文明也许还没有经历过这样剧烈的全球增温考验，很难预测人类甚至地球生命是否有能力去适应这样的气候巨变。需要特别说明的是，人类活动的影响与自然因素有根本不同，它的可怕性在于它是非周期的，而且由于累积作用而不断地单调增加。如果二氧化碳的排放不能得到有效控制，增温幅度不但不能够被减弱，而且还会被进一步迅速加强。

中国共产党“十八大”报告中指出，生态文明以尊重和保护自然为前提，以人与人、人与自然、人与社会和谐共生为宗旨，以建立可持续的生产方式和生活方式为内涵，致力引导人们走持续、和谐发展的道路。生态文明是人类对传统文明形态特别是工业文明进行深刻反思的成果，也是人类文明形态发展的飞跃。生态文明的崛起是一场涉及生产方式、生活方式和价值观念的世界性革命，是不可逆转的世界潮流，是人类社会继农业文明、工业文明后进行的一次新选择。

全球气候变暖问题是生态文明建设的重要内容。面对全球气候变暖问题，科学界展开了全方位的应对气候变化研究。本书从全球气候变暖事实与假说、气候变化灾害与风险、动植物行为变化、冰川融化与海洋危害、粮食与水安全挑战、人类健康与人类文明、低碳时代与低碳生活等方面，汇集了科学家对全球气候变化的最新研究成果，诠释科学界对全球气候变化的基本认识，阐明了人类对生态环境保护的重要性。

本书属于科普类读物，力求用简明的语言表达科学化的问题，在从事气候变化研究的学者与非专业学者、普通大众和决策者之间架起一道思想沟通的桥梁，使人们能够真正认识到气候变化对粮食生产、生态环境、人类健康安全影响的重要性和迫切性，旨在提高全民对全球变暖的认识，动员全社会力量保护生态环境，积极有效地应对气候变化，切实减少气候变化带来的危害风险。

本书资料精选于网络、报刊、期刊、杂志、书籍，由肖国举整理资料，撰写内容；张强统领全稿，把握整体构架。国家973计划课题（2013CB430206）、国家自然科学基金（41165009）、国家公益性气象行业科研专项（GYHY201106029）资助出版，特此说明。

肖国举

2012年12月于宁夏大学

目　录

第三章　动植物行为变化

第四章　冰川融化与海洋危害

第五章　粮食与水安全挑战

第六章 人类健康与人类文明

第七章　领导人话语

第八章　气候变化大会

第九章　低碳时代与低碳生活

第一章　全球变暖事实与假说

全球变暖正在改变着我们的世界。然而对于全球变暖的原因仍没有一个准确的科学定论。科学界主流认为，全球变暖是由于人类大量排放的温室气体在大气层形成温室效应而造成的。但学术界对“温室效应说”的质疑声此起彼伏，出现了全球变暖与太阳活动、悬浮微粒、气溶胶、地热、深海巨震等有关的学术观点，甚至有极端者提出地球并非变暖，冰川时代来临。围绕全球气候变暖问题上演的激烈交锋，似乎正在谱写着21世纪的“童话”故事。

01 人类活动改变全球生态系统

半个世纪以来，人类对自然资源不合理的开发和利用，使全球的生态环境发生了急剧变化。这种全球范围内生态环境的变化，包括大气二氧化碳（CO_2）浓度的升高、全球温暖化的加剧、臭氧层空洞的扩大及森林和草地的减少等，已经对包括人类在内的地球生命系统构成了巨大威胁。由于人类活动，现在地球表面10%～15%的农耕地与工业区、6%～8%的草地与牧场发生了变化；空气中CO_2，甲烷（CH_4）和氮氧化物（N_2O）的含量较工业化之前分别提高了30%，145%和15%；土地利用和退化达到39%～50%，导致了自然生态系

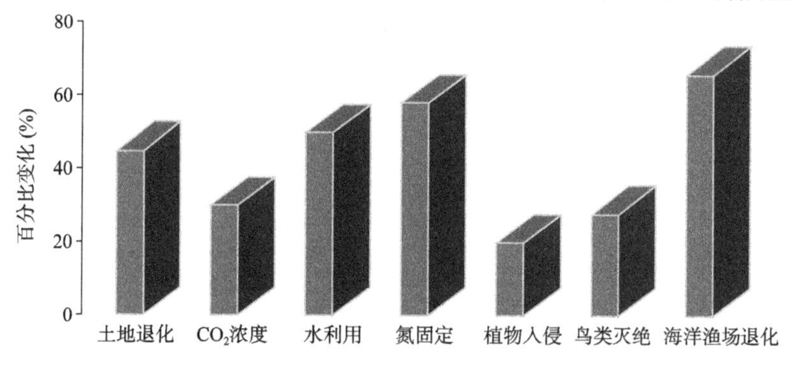

人类活动对地球生态系统主要组成成分的改变

统破碎化；人类对淡水的利用超过全球总量的一半，其中70%为农业用水。

（来源：期刊《Ecosystems》，1999）

02 温室气体变化

全球大气层和地表这一系统就如同一个巨大的“玻璃温室”，使地表始终维持着一定的温度，产生了适于人类和其他生物生存的环境。在这一系统中，大气既能让太阳辐射透过而达到地面，同时又能阻止地面辐射的散失，我们把大气对地面的这种保护作用称为大气的“温室效应”。造成温室效应的气体称为“温室气体”，这些气体有二氧化碳、甲烷、氯氟化碳、臭氧、氮的氧化物和水蒸气等，其中最主要的是二氧化碳。近百年来全球气候正在逐渐变暖，与此同时，大气中温室气体的含量也在急剧增加。许多科学家认为，温室气体的大量排放所造成的温室效应的加剧是全球变暖的根本原因。

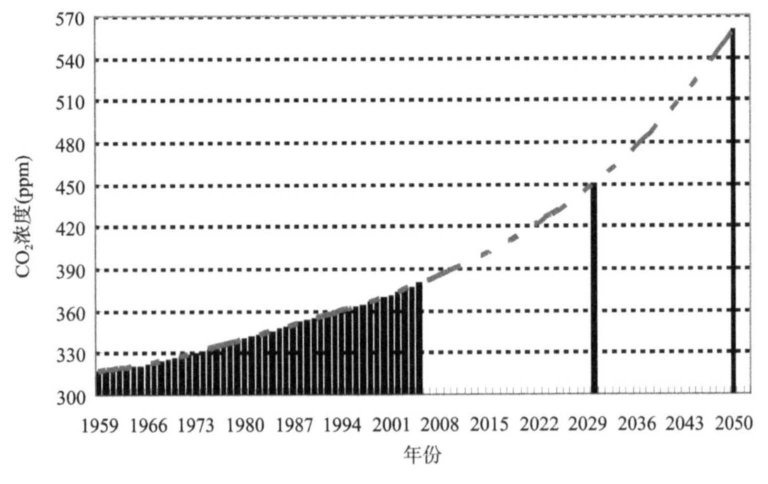

1959—2050年大气中二氧化碳浓度变化趋势

工业革命以来，全球大气CO_2、CH_4和N_2O浓度显著增加。其中，CO_2是最重要的人为温室气体，全球大气CO_2浓度已从工业化前约280 ppm[1]，增加到了2005年的379 ppm，2010年更是达到了389 ppm，是距今650千年以来的最高值。预计2030年大气中CO_2浓度将达到450 ppm，2050年达到

1　1 ppm=1×10^{-6}，即100万体积的空气中所含污染物的体积数。

560 ppm。全球大气中 CH_4 浓度值已从工业化前的 715 ppb[1]增加到 2010 年的 1808 ppb，是距今 650 千年以来的最高值，观测到的 CH_4 浓度的增加很可能源于人类活动，农业和化石燃料的使用是其重要来源。全球大气中 N_2O 浓度值也已从工业化前约 270 ppb 增加到 2010 年的 323 ppb，约超过 1/3 的 N_2O 源于人类活动，农业活动是主要的来源之一。新的证据表明，21 世纪人类活动将继续改变大气组分，所造成的气候变化将持续上千年。

（来源：IPCC，2007）

03 温室气体排放大国

人类燃烧煤、石油、天然气和树木，产生大量二氧化碳和甲烷进入大气层后使地球升温，使碳循环失衡，改变了地球生物圈的能量转换形式。国际能源机构的一项调查结果表明，美国、中国、俄罗斯和日本 4 个国家的二氧化碳排放量几乎占全球总量的一半。美国二氧化碳排放量居世界首位，年人均二氧化碳排放量约 20 吨，排放的二氧化碳占全球总量的 23.7%。中国人均二氧化碳排放量约为 2.51 吨，约占全球总量的 13.9%。2011 年德班气候会议期间，英国 Maplecroft 公司公布了温室气体排放量数据，中国、美国、俄罗斯、印度和日本 5 个国家二氧化碳排放量超过全球二氧化碳排放量的一半。

（来源：《百科知识》，2012）

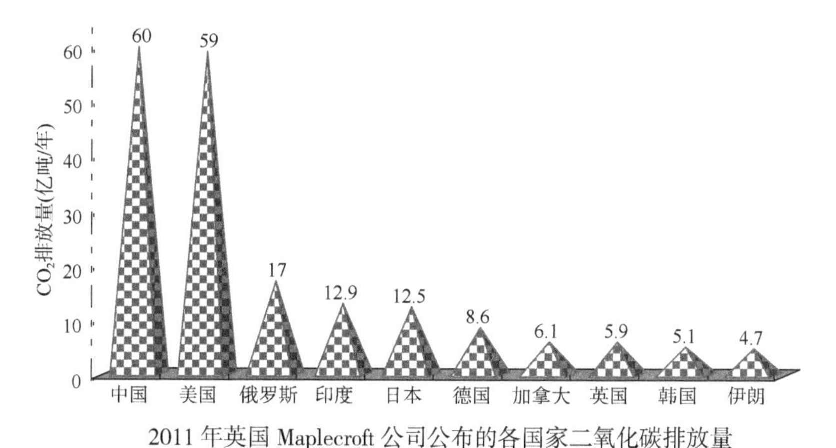

2011 年英国 Maplecroft 公司公布的各国家二氧化碳排放量

1 1 ppb=1×10^{-9}，即 1 亿体积的空气中所含污染物的体积数。

04 全球气候变暖

地球一方面接受着太阳的温暖，但它又不得不把通过太阳短波辐射接收到的热量，以地面长波辐射的形式向外太空放射出去。好在大气层中的温室气体能够阻止一部分地面热量的散失，使地球表面的温度不至于降得太低，使得地球成为一个生机盎然的绿色星球。全球变暖指的是在一段时间中，地球大气和海洋温度上升的现象，主要是指人为因素造成的温度上升。近 100 多年来，全球平均气温经历了“冷→暖→冷→暖”四次波动，总的来看，气温为上升趋势。进入 20 世纪 80 年代后，全球气温明显上升。目前世界范围内认为主要原因很可能是由于温室气体排放过多所造成的。2007 年，政府间气候变化专门委员会正式发布了全世界超过 2500 名顶尖科学家参与的气候评估报告。报告肯定了从 20 世纪中期至今，我们观测到的地球增温现象有 90% 的可能性与人类活动排放温室气体相关。

联合国政府间气候变化专门委员会第四次评估报告给出，最近 100 年（1906—2005 年）全球平均地表温度上升了 0.7（0.56 ~ 0.92）℃，比第三次评估报告（IPCC，2001）给出的 100 年（1901—2000 年）上升 0.6（0.4 ~ 0.8）℃有所提高。自 1850 年以来最暖的 12 个年份中有 11 个出现在近期的 1995—2006 年（1996 年除外），过去 50 年升温率几乎是过去 100 年的 2 倍。同时，第四次评估报告指出，20 世纪后半叶北半球平均温度很可能比近 500 年中任何一个 50 年时段更高，也可能至少在最近 1300 年中是最高的，即最近 1000 年的北半球平均温度曲线呈现所谓的“曲棍球杆”的观点。有研究表明，北半球温度的变率比第三次评估报告中提出的要大。近 100 年来北极平均温度几乎以两倍于全球平均速率的速度升高；20 世纪 80 年代以来北极多年冻土层顶部温度上升了 3℃；北半球 1900 年以来季节冻土覆盖的最大面积已减少了约 7%。

（来源：IPCC，2007）

05 全球变暖不可逆转？

科学家研究发现，古代农业活动曾使世界避免进入新冰川期，说明人类活动引起全球气候变暖可能持续了数千年。砍倒大树并开垦第一片田地的史前农民使大气中甲烷和二氧化碳等温室气体含量发生了很大变化，全球气温因此逐渐回升。

美国学者拉迪曼预测，要不是早期农业带来的温室气体，目前地球气温很可能还是冰川时期的气温。他承认，这个研究结果非常容易引起争议。

美国学者魏格雷预测，即使现在全世界温室气体的排放量稳定在 2000 年的水平，21 世纪全球变暖和海平面上升的趋势已经不可逆转。由于海洋存在"热惯性"，对温室气体等外界影响的反应有所滞后，21 世纪全球变暖的趋势只不过是以前排放温室气体的后果。到 2400 年，已存在于大气中的温室气体成分将至少使全球平均气温升高 1℃；不断新排放的温室气体，又将导致全球平均气温额外升高 2 ～ 6℃。这两个因素还会分别引起海平面每世纪上升 10 厘米和 25 厘米。

美国学者杰拉尔德预测，由于海洋"热惯性"的存在，即使 21 世纪中人类不向大气排放任何温室气体，到 2100 年全球平均气温也将至少升高 0.5℃，海平面将上升 11 厘米以上，其中，海平面上升的速度比科学家早先的预测值高了一倍多。这是因为以前的预测没有考虑到冰川融化等的影响。

德国学者斯蒂芬 · 拉姆斯托夫和乔治 · 弗伊尔纳研究发现，即使在 21 世纪剩下的时间里太阳活动不那么剧烈，全球变暖的趋势仍将继续。从现在开始持续到 2100 年，全球变暖仍然会使温度升高 3.7 ～ 4.5℃，远远抵消了太阳活动极小期的作用。

（来源：黄荣辉等，2011）

06 全球高温屡创记录

2000 年以来，世界各地的高温纪录常常被打破。例如，2003 年 8 月 11 日，瑞士格罗诺镇气温达 41.5℃，破 139 年来高温记录。同年 8 月 10 日，英国伦敦的温度达到 38.1℃，破 1990 年以来记录。同期，巴黎南部晚上测得最低温度 25.5℃，破 1873 年以来的记录。8 月 7 日夜间，德国打破 100 年最高气温记录。2005 年 7 月，美国有 200 多个城市都创下历史性高温记录。2010 年夏天，俄罗斯、白俄罗斯和乌克兰，高温天气持续 3 周，巴基斯坦 5 月 26 日的气温令人难以想象，高达 53.5℃。

2003 年以来，我国各地的高温常常打破历史记录。2003 年夏天，上海、杭州、武汉、福州都破当地高温记录，其中，浙江省快速地屡破高温记录，67个气象站中有40个都刷新记录。2004年7月，广州的罕见高温打破53年来的记录。2006年8月16日，重庆最高气温高达43℃。台湾宜兰2006年7月8日温度高达38.8℃，破1997年的记录。2006年11月11日是香港整个11月最热的一日，最高气温高达29.2℃，破1961年以来最高气温26.1℃。2010年中国有44个气象观测站高温突破历史极值，其中新疆托克逊（48.0℃）、吐鲁番（47.6℃）、鄯善（45.5℃）等3站日最高气温均超过45℃。

（来源：环球网，2010）

07 全球高温逐渐常态化

全球气温自1900年以来上升了0.75℃，其中2010年的平均气温最高。英国气象局研究“气温数据”跨度160年，并以非洲、加拿大和俄罗斯等不同地区气象站的相关记录作为参考。最新研究报告称，2005年和2010年是最热的两年，指出在近161年中最热的10个年份出现在最近过去的14年中。

2010年，欧洲大陆及亚洲多国持续遭高温侵袭，7月24日莫斯科气温达到37℃，创下128年以来历史同日最高气温，打破了历史同月最高气温。2010年，葡萄牙的里斯本达到39℃，德国的波茨坦达到38℃，乌克兰首都基辅的最高气温更是创下自1881年来的新高，达到了35.3℃。此外，美国东海岸也正遭酷热考验，首都华盛顿气温逼近40℃。

日本将日气温35℃以上的天气称为猛暑日。日本的猛暑日也在逐年增加，1999—2008年有400天猛暑日，是30年前的4倍。

（来源：人民网，2012）

08 中国高温天气频发

众所周知，印度、巴基斯坦等热带、副热带地区的国家比较容易受到热浪的袭击。中高纬度地区的中国、美国、日本等国家原本较凉爽，近年来天气也日趋炎热，极端高温事件增多，逐渐成为新的高温频发地。

联合国政府间气候变化专门委员会第四次评估报告指出，过去50年中强降水、高温热浪等极端天气气候事件呈现不断增多增强的趋势，预计今后这种极端事件的出现将更加频繁。最新预估结果显示，到2050年中国年平均气温可能比20世纪后20年升高1.2～2.0℃，到21世纪末可能升高2.2～4.2℃；北方增暖大于南方，冬春季增暖大于夏秋季。极端高温事件可能更为频繁，部分地区夏季炎热日数可能增多，暖冬与热夏的频次可能增加，冬季寒潮可能继续减少。

2010年，我国有多个省（区、市）遭高温炙烤，局部地区最高气温达42℃以上。除青藏高原及其邻近地区外，其余大部分地区均出现了35℃以上的高温天气，其中东北北部、华北中南部、新疆南部等地超过38℃。

2010年，我国有258个观测站日最高气温达极端天气事件标准。西北地区东部、华北南部、华南等地共有74站连续高温日数达极端天气事件标准，其中7站突破历史极值；海南昌江连续高温日数达36天。2010年中国平均高温日数为5.6天，较常年同期偏多1.7天。

（来源：杂志《瞭望》，2010）

09 全球变暖与悬浮微粒有关吗？

德国科学家安德烈埃用悬浮微粒法预测全球变暖趋势，他表示，这种方法将悬浮微粒、温室气体和生物圈效应统一在一起，改变了以往关于气候变化的预测模式。

安德烈埃将温室气体比作是导致全球变暖的加速器，悬浮微粒的存在则可以减缓气温的上升。悬浮微粒是空气中产生于燃烧、化学制品和烟尘之中的细小微粒。随着新的空气净化调节装置的使用，悬浮微粒的数量将会减少，因而其冷却功效也就随之变小。相反，全球气温却会随之上升。

悬浮微粒只能在大气中停留一周的时间，而温室气体则能停留大约50多年的时间。也就是说，悬浮微粒的冷却作用减少得快，而温室气体减少得慢。这样，在长期的相互竞赛中，温室气体最终必将战胜悬浮微粒，随之而来的就是灼热的高温天气。

然而，安德烈埃同时承认，这种情况具有高度的科学不确定性，气候的变化也远远超出了经验和科学理解所能达到的范畴。

（来源：网络《新浪科技》，2005）

10 北极变暖与气溶胶有关吗？

美国科学家通过计算机模型对不同地区暖化程度和大气中的二氧化碳、臭氧及气溶胶含量水平的关系进行研究后发现，北极变暖很大程度上和大气中的气溶胶有关。研究发现，北半球中高纬度地区对大气中气溶胶浓度的变化特别敏感。

过去 30 多年来，北极地区地表温度上升了 1.5℃，其中约 45% 的因素可能与气溶胶有关；南极地区受大气中气溶胶的影响要弱得多，同期地表温度只上升了约 0.35℃。北极地区与北美和欧洲接近，而过去一个世纪以来，全球的气溶胶排放大部分都来自北美和欧洲这两个高度工业化的地区。

气溶胶是悬浮在大气中的微小颗粒物，工业污染、火山喷发及居民使用的火炉等都会向大气排放气溶胶。它可以通过反射或吸收太阳辐射直接影响气候，或者通过增加云量、改变云层反射率等特性来间接影响气候。科学家说，形成气溶胶的颗粒物很多，但硫酸盐和黑碳对气候变暖的影响最大，而这两者都是人为造成的。

（来源：国家气候中心，2009）

11 全球变暖与太阳活动有关吗？

科学界主流意见认为，全球变暖是由于人类活动排放的温室气体导致的。但在太阳科学领域，还存在一些细节上的讨论，比如气候变暖是否与太阳因素有关？如果有，其是加剧还是减缓气候变暖，影响到底有多大？

好莱坞电影《2012》有如下情节：太阳活动突然加剧，释放大量中微子；地核被太阳中微子急剧加热，大量熔岩溢出造成大陆板块漂移加速，引起剧烈的地震和火山爆发，并导致超级大海啸，陆地几乎全部被淹。其实太阳活动远远没有电影中表现得那么神秘。从科学观察的角度可将太阳比喻成一个布满绿色磁力线的磁球，当电磁活动剧烈的情况下就会产生太阳风暴，向外抛射大量带电粒子所形成的高速粒子流。

在视全球变暖为人类第一杀手的科学界，很多科学家都在试图研究太

太阳活动产生太阳风暴，向外抛射带电粒子，形成高速粒子流，加剧气候变暖（图片来源：汇图网）

阳活动对全球变暖的影响，而结论往往是影响微弱。太阳风暴强烈的年份，究竟是会增加地球的温度，还是降低地球的温度，尚无定论。英国一项新研究显示，太阳活动可能会在未来90年内一直减弱，这会促使地球温度下降，但不足以抵消人类排放温室气体所造成的全球变暖。英国科学家称，从已有的观测数据来看，太阳活动在20世纪处于一个较强的时期，这个时期正在结束，2100年前太阳活动逐渐减弱会导致地球温度下降约0.08℃。

美国航空航天局最新研究显示，即使在太阳活动最不活跃的年份，地球吸收的太阳辐射能量仍然比散发到太空中的能量更多，即地球温度仍然会上升。在太阳活动减弱的年份，如2005—2010年太阳活动很弱，但是地球仍然吸收了比以往更多的能量。基于这种能量失衡的情况，科学家推断太阳活动情况并不直接导致气候变暖，而罪魁祸首仍然是人类的活动。詹姆斯·汉森说，这种能量不平衡是不断增加的大气污染，特别是二氧化碳、甲烷、臭氧和黑碳粒子的作用。这些污染物令地球热量辐射无法散发到宇宙中，同时这些污染物使得地球容易吸收太阳光。

（来源：新华网，2012）

12 地热是全球变暖的祸首？

1979年，瑞士日内瓦第一次世界气候大会上，科学家提出了大气二氧化碳浓度增加将导致地球升温的论断。2007年，联合国政府间气候变化专门委员会公布的第四次气候变化评估报告认定，全球变暖源于人类排放的温室气体。至此，二氧化碳被认定为全球变暖的罪魁祸首。

在 2009 年的哥本哈根气候大会上，世界各国热烈商讨未来将如何减少温室气体的排放。却曝出导致全球变暖的祸首并非二氧化碳，而是地热。正在全球为此提出节能减排的种种对策，并在气候大会上争论不休时，黑客入侵了英国东英吉利大学电子邮件系统，几名为 IPCC 工作的研究人员的电子邮件被窃。邮件中他们提到气象学家的气候模型测定结果：南北极的冰川并非从外部开始融化，而是从内部开始。这说明导致全球变暖的元凶是来自地球内部的地热，而不是人们一直认定的二氧化碳。

美国科学家通过分析北美、欧洲、非洲等地的钻井测量数据，证实 20 世纪地球表面平均温度增加了约 0.5℃，而在过去的五个世纪中，地球温度总共上升了 1℃。其实，无论全球变暖的罪魁祸首是谁，不可否认的是，人类活动排放的二氧化碳的确会对气候造成影响，因此节能减排仍需继续。

（来源：科学网，2009）

13 海洋温度和盐度引起全球变暖？

美国推出的灾难大片《末日浩劫》中关于气候突变的理论就是“温盐环流”假说，其原理是由于不同地区降水和温度不同，导致海水密度分布不均匀而形成热力学海流。

海水密度主要由温度和盐度决定，这种由温度和密度梯度驱动的深层洋流，被称为“温盐环流”。全球大洋中有 90% 的水体受温盐环流影响，其是全球大气—海洋能量交换的主要方式。极地地区因辐射冷却等因素而形成的寒冷、高盐、高密度的海水强烈下沉，形成底层和深层流。北大西洋高盐度的深层流，向南绕过非洲南端，除部分北流到印度洋外，其余向东流入太平洋，受温暖和淡水的稀释作用，海水密度降低并上升到海表面，然后在上层向西运动返回到大西洋，从而构成了一个跨越各大洋的海洋“传送带”。

科学家认为，海洋“传送带”向高纬地区输送的热量远超过地球轨道要素引起日照率变化所产生的影响，是影响高纬地区冰盖的重要原因，进而提出了大洋环流—气候模式来解释第四纪冰期—间冰期的转换机制。

“温盐环流”假说同冰盖假说在目前有进一步融和的趋势，并同 CO_2 浓度上升引起全球变暖紧密联系在一起。科学家认为，北极冰盖的生消和北极地区河流的改道导致进入大西洋淡水产生变化，从而影响北大西洋海水的密度，进而加强或削弱大洋传输带的强弱，引起全球气候变暖。

（来源：《全球生态学》，2000）

14 “深海巨震降温说”会使全球变暖终结？

关于全球气温走低的观点，科学家还曾提出“深海巨震降温”说。认为海洋及其周边地区的强震产生海啸，可使海洋深处冷水迁移到海面，使水面降温，冷水吸收较多的二氧化碳，从而使地球降温近 20 年。

20 世纪 80 年代以后的气温上升与人类活动使二氧化碳排放量增加有关，而且这一时期也没有发生巨大的海震。2004 年 12 月 26 日发生的印尼地震海啸改变了这个趋势，此后全球低温冻害和暴雪灾害频繁发生。2005 年 2 月，莫斯科和日本的积雪深均超过 3 米。与此同时，南半球夏季出现低温。同年年末，我国上海一夜降温 17℃，这一切似乎都在宣布全球变暖的终结。

（来源：期刊《地球物理学进展》，2011）

15 “气候时冷时热”观，不必大惊小怪？

气候究竟是变暖还是变冷？有科学家提出了时冷时热的观点。指出全球气候变化存在周期，只是这个周期的时间究竟有多长，现在还无法定论。我国在 20 世纪 40—70 年代曾出现过一个降温过程。1975 年，有学者甚至为此提出我们将进入小冰期的观点。但从 80 年代开始，气候明显转暖。因此，我们大可不必为气候变冷还是变暖大惊小怪。

现在气候变暖是事实，但导致气候变暖的原因一直有争论。对于气候变暖或变冷的影响，科学家主张一分为二地来看。全球气候的地域性差异很大，如果气候变暖，造成冰川融化，海平面上升，可能淹没一些岛国，因此他们肯定不希望全球变暖。但对俄罗斯、美国等北极国家，全球变暖能够带来更多热量，扩大粮食作物的种植区域，全球变暖就会带来众多好处。

（来源：北方网，2012）

16 地球并非变暖，冰川时代来临？

由于气候本身的复杂性、不确定性，人们对全球变暖的质疑声就从未间断过。一部名为《全球变暖大骗局》的影片在英国播出，片中称全球在浪费时间、能源和金钱，制造不必要的恐惧和惊慌。一些科学家甚至提出，地球并非在变暖，而是在变冷！

地球并非变暖，冰川时代来临？
（图片来源：汇图网）

2004年，美国国防部的一份报告称，2010—2020年，全球会出现一场巨大的气候突变，这会导致美洲、亚洲在内的北方地区气候干冷。这份报告引用了一个很重要的科学依据：历史上当气温升高到一定数值，不利天气状况会突然增多，气候很可能发生突变。根据俄罗斯科学院天文学家及天文观测总台对太阳活动的观测，太阳辐射强度正在回落，这种回落趋势将有可能导致全球范围的降温。

2006年，几乎整个北半球都遭受了低温天气的考验。来自西伯利亚的持续寒流在俄罗斯、日本等国夺去上千条生命，并且波及我国河南地区和辽东湾等地。更令人不安的是，南欧与印度这些温暖地带也下了暴雪。因此，一些科学家认为地球面临着进入“冰川时代”的可能。

（来源：杂志《环球人文地理》，2012）

17 全球气候开始变冷持续30年？

有科学家宣称，英国2010年1月的异常严寒的天气，是全球气候变冷趋势的开端。这一说法是对全球气候变暖理论的一个巨大挑战。科学家认为，现在全球气候已经进入了一个“寒冷模式”，全球性气温将呈现下降趋势，这一趋势至少会持续20～30年。在这段时期内，夏季和冬季将明显冷于最近几年。这一变化将意味着全球气候变暖趋势将“暂停”，甚至出现逆转。

科学家是在对太平洋和大西洋水温的自然循环周期分析的基础上提出上述预言的。一些科学家认为，这些自然循环周期可以用来解释20世纪全球气温的所有显著变化，而不是以人类污染环境为客观理由。一些权威科学家解释，自20世纪以来全球气候变暖只是海洋自然循环的结果，而不是人为因素引起的温室气体所造成的。当时全球正处于“温暖模式”，所以才会产生气候变暖现象，不管人类所生产的二氧化碳量是否升高，当时的气候都会变暖。现在，海洋自然循环周期已经切换到“寒冷模式”。

2008年，德国科学家拉蒂夫曾预言过这种变冷趋势。在日内瓦举行的政府间气候变化专门委员会大会上，拉蒂夫就这一趋势发出警告。拉蒂夫是联合国政府间气候变化专门委员会主要成员之一，他已经研究出多种方法用来测量海水温度，测量深度可达海面之下914.4米，这个深度正是冷循环与暖循环的开始之处。对于欧洲来说，最重要的影响因素是北大西洋中部的海水温度。拉蒂夫解释说，这样的海洋自然循环至少可以解释近年来全球气候变暖现象。拉蒂夫说：“根据我们对1980—2000年期间，甚至是20世纪更早时候的海洋自然循环的观测和研究，这段时间全球气候变暖应该有一半是由这种循环所引起的。现在循环开始逆转，所以2008年冬天异常寒冷，而且接下来像这样的冬天气候越来越有可能出现。这一趋势将可能持续20年，甚至更长时间。冰河和海冰的消融将出现暂停，全球性的气候变暖趋势也将处于暂停状态。”

美国科学家阿纳斯塔西奥斯·特索尼斯认为，海洋自然循环将继续决定全球气温的变化。特索尼斯表示，“它们对主要的气候模式起到巨大的重新整理作用。它们的轮换可以解释20—21世纪所有主要的全球性气候变化。现在我们正面临这种变化”。

不过，许多气象学家却认为，英国2008年的异常寒冬现象可能是“北极震荡”造成的结果。“北极震荡”是一种气候模式，在这种模式中高压将暖气流从英国逼走。这些气象学家坚持认为，这种临时性的变化并没有影响长期的温暖模式。

（来源：网络《新浪科技》，2010）

18 北半球严寒不表明全球变暖理论错误？

2010年1月，中国北京迎来了近40年来最冷的早晨和自1951年以来最大的降雪，英国也遭受自1981年以来持续时间最长的寒冷。这种天气似乎跟科学家提出的全球变暖的理论不符。但是科学家表示严寒并不能说明全球变暖的理论是错误的，这只是长期升温过程中的一个小插曲。美国科学家杰拉尔德 · 米尔说，“这是自然变化的一部分，我们还会遇到降温的现象，还会有一些寒冷天气出现”。

美国科学家迪克 · 阿尔恩特曾注意到，2009年将被列入自1880年以来地球上出现的最温暖的年份。科学家表示人类活动确实能导致更多更恶劣的天气频繁出现，如热浪、风暴、洪水、干旱，甚至春寒。阿尔恩特表示，我们已经在北半球居住区看到寒流突袭现象。寒流确实已经开始迅猛来袭。在大气层里位于寒带和热带之间的大量空气围绕地球从西向东移动，这种气流就像篱笆一样对寒流产生约束作用。然而，目前这种气流已经弯曲变形成锯齿形状，从北部蜿蜒流向南方。如果你居住在气流从南向北移动的区域，这里的天气会更温暖。

但是跟地球其他不幸的地区一样，美国东部的寒流是从北移向南方，因此这里的温度更低。这也是北京迎来低温、挪威大陆温度低达零下42℃及英国部分地区降雪厚度达45.7cm的原因。

（来源：科学网，2010）

19 海洋模型证明人类造成了全球变暖

人类让世界变暖了吗？可靠的答案在很大程度上取决于气候模型的可信

度。一种来自海洋的独立的现实调查增强了这些模型的结论，指出人类活动是近年来全球变暖的主要因素。

海洋能容纳巨大的热量，所以它是气候模型中的一个重要组成部分。与世界其他地方一样，海洋也在变暖。美国海洋学家说，在1955—1996年期间，全球海洋从表面到3000米深这一层共增加了18.2×10^{22}焦耳的热量，足以将部分海洋的温度提高0.1℃。这一热量是使全球大气层变暖、使海里的冰和冰川融化的热量的10倍。报告的结论是，如果要跟踪温室现象所保留下来的热量，那么海洋是最主要的。

基于这一思想，科学家用气候模型来计算二氧化碳及其他人类活动所制造的温室气体在过去100年间对海洋温度可能产生的影响。他们发现，模型中的世界海洋变暖的程度与实际观察到的一样。模型结果十分接近实际得到变暖的强度和地理分布，以至以95%以上的可信度作出结论：人类所制造的温室气体是造成现实世界变暖的原因。

英国一个气候预测与研究中心的气候模型学家说，这些模型在海洋变暖上的成功预测为我们“提供了更有力的气候正在变暖的证据，而且变化很可能是人类活动造成的”。

（来源：《北京科技报》，2001）

20 全球变暖与盟国利益关联?

有经济与政治学者把气候变暖与盟国利益联想到一起。他们说全球气候问题起源于英国，倡导者是著名的英国女性首相撒切尔夫人，因为她在竞选的时候英国有酸雨现象，由此她提出了“全球环境恶化，保护全球环境”的竞选口号。这个口号正好迎合了民众的两个心理，一是二战后，因为原子弹的存在，人类对自身拥有巨大力量的盲目认识，自以为可以摧毁地球；二是对“自己拥有巨大力量”的恐惧，害怕被自身的力反过来毁灭。所以撒切尔夫人利用了这个口号，成为了第一任英国女首相。

为什么西方富裕，中国穷？中国企业为什么会这么困难？难道中国企业家不用功、不努力吗？不够节俭吗？难道中国就业者的知识不够吗？都不是！在这个经济战争之下，中国制造业的优势，比如说劳动成本的优势将荡然无存。什么叫“产业链战争”？以浙江所生产的芭比娃娃为例，芭比娃娃出厂价是1美元，到美国沃尔玛是9.9美元。请问10美元的零售价减1美元出厂价，中间约 9 美元是怎么创造出来的？这个创造过程就是“大物流”的概念，包括以下六大块：第一，产品设计；第二，原料采购；第三，仓储运输；第四，订单处理；第五，批发经营；第六，终端零售。这六大块创造了 9 美元的价值，而我们制造创造了 1 美元的价值。制造有什么特点呢？那就是浪费资源，破坏环境，剥削劳动，创造 1 美元的价值；而那六大块，不破坏环境，不剥削劳动，创造 9 美元的价值。中国企业家辛辛苦苦创造一百万元的产值，同时替美国创造九百万美元的价值。因此，中国经济越增长，美国越富裕！中国是在为人做嫁衣，替人打工，结果自己还不知道，还说是制造业大国，可怜呀！这就是所谓的国际分工的不同。我们的根本，就是产业链定位错误！这就是香港著名经济学家郎咸平教授的“六加一”的理论。

美国自从二战和冷战获胜后，就建立了以美国为主，伙同其他亲美西欧、日本诸国，以战胜国的身份，划分了“六加一产业链”的财富分配，将“六”的绝大部分囊获其中，并使其获得财富利益最大化，而破坏环境、剥削劳工的“一”，放在发展中国家，并将其利益最小化。其实郎教授有一句话不贴切，他说是中国产业链定位的“错误”，真的是错误吗？不一定，不是中国走错了路，而是几乎没有别的路可以走。当美国二战打赢了德日，冷战打败了苏联，整个世界等于走入了美国与其盟国所制定的游戏规则中，中国只要想和国际接轨，就必须接纳这种游戏的模式。中国一方面想要发展，必须接纳“游戏规则”，另一方面想要发展，只能刻苦默默地发展，积蓄力量。在积蓄力量的时候，美国与其盟国也并非毫无警惕，他们会用尽手段时时提防。如果气候变暖真的是个骗局的话，那么这个谎言的目的，一定就是西方国家要把第三世界国家的产业链定格在“一”的环节。

（来源：百度网，2011）

第二章 气候变化灾害与风险

全球气候变化引起全球降水量重新分配、冰川和冻土消融、海平面上升，以及带来的极端异常天气现象，如干旱、洪涝、冻害、冰雹、沙尘暴等，造成严重自然灾害，给人类生态环境、农业生产、人类健康、社会经济等诸多方面产生严重的影响，直接威胁人类食物供应和居住环境。20 世纪 80 年代，国际社会注意到移民问题与气候变化、环境退化之间的关联。近几年海平面上升、极端天气气候事件频发、环境退化等因素导致的人口迁移问题，使得气候移民成为国际社会新的关注点。

01 全球持续变暖，地球将会怎样？

科学家为什么关注看似杞人忧天的“全球气候变暖”呢？通过对上千份科学文件进行精心整理研究，科学家撰写了一部关于全球变暖的危害报告，向世人系统描述了地球气温升高 1 ～ 6℃后，全球面临的灾难风险。

气温升高 1℃，美国粮仓变大漠，非洲沙漠成桑田。美国南部地区是美国的大粮仓，尤其是沙山地区出产美国最好的牛肉。但这片广阔的土地全是沙质土壤结构。在 6000 多年前，美国的气温比现在高 1℃，这片肥美的草原当时是寸草不生的大漠。如果全球气温再上升 1℃，美国的“粮仓”将重新变回大漠。今天全球最热的撒哈拉大漠可能会变得湿润起来，重现 6000 年前岩画中大象、水牛和野羊在肥美草原上巡游的美丽景象。11000 年来，乞力马扎罗峰一直戴着的雪白冰帽将不复存在，使得整个非洲大陆成为真正的无冰世界。欧洲阿尔卑斯山的冰雪也将全部融化。

气温升高 2℃，海平面将上升 7 米，1/3 动植物消亡。对于亲历过 2003 年欧洲夏天热浪的人来说，这将是莫大的灾难。在 2003 年的那场热浪中，至少有 30000 人死于酷热。气温上升 2℃，意味着格陵兰岛的冰盖将彻底融化，从而使得全球海洋的水平面上升 7 米。科学家做出这一推测的依据是，大约 125000 年前，地球的温度比现在平均高出 1 ～ 2℃，结果全球的冰盖全部融化。全球的食物，尤其是热带地区的食物将大受影响。1/3 的动植物种群因为天气变化而灭绝。

气温升高 3℃，气候彻底失控，上演生态灾难。气温上升 3℃是地球的一个重大“拐点”，因为地球气温一旦上升 3℃，就意味着全球变暖的趋势将彻底失控，人类再也无力介入地球气温的变化。气温上升 3℃的灾难核心将是南美洲的亚马孙热带雨林。由于气温上升，今天仍占地 100 万平方千米的热带雨林将频频遭遇火灾。根据计算机模拟结果，干旱使得亚马孙热带雨林无力防火，一个小小的雷击都有可能引发热带雨林大火，最终烧毁整个热带雨林。一旦树林消失，亚马孙林地上取而代之的将是荒漠。气温上升 3℃将使南部非洲和美国西部开始出现更大面积的沙漠，使得成百上千万原来从事农牧业的人被迫背井离乡。在欧洲大陆和英国，夏季干旱高温与冬天极冷相伴而来，一些低海拔的沿海地区被海水淹没。在数千米到 1 万米的深海处流动着的海流，大约 2000 年左右绕地球一周，被称为海洋大循环，它起着稳定地球气候的重要作用。但是，如果地球平均气温上升，引起海水温度上升，以及格陵兰岛冰雪融化，海水中盐分的浓度减少，本来该沉入深海的海水沉不下去，从而有可能导致海洋大循环停止。一旦海洋大循环停止，地球气候就会变得很不稳定，某些地区有可能突然变得很寒冷。

气温升高 4℃，人类口粮吃紧，欧洲人大迁徙。气温上升 4℃对于地球的大部分地区来说都是灾难。这意味着数十亿吨被冰封在南北两极和西伯利亚的二氧化碳气体将释放出来，进入臭氧层，从而成为全球变暖的倍增器。此时，北冰洋所有的冰盖将全部消失，北极成了一片浩瀚的海洋，这将是地球 300 万年来首度发生这样的现象，北极熊和其他需要依赖冰为生的动物将彻底灭绝。南极的冰盖也将受到很大影响，南极洲西部地区的冰盖将与大陆脱离，最终海平面上涨，从而使全球的沿海地区再度被海水吞没。在欧洲，新的沙漠开始形成，并且向意大利、西班牙、希腊和土耳其扩展。在如今温度宜人的瑞士，夏季的气温将高达 48℃，比巴格达还热。阿尔卑斯山最高峰将彻底没有冰雪，裸露出巨大的岩石。由于气温持续保持在 45℃，欧洲的人们被迫大量向北迁居。

气温升高 5～6℃，地球将面临彻底的灾难。科学家们在加拿大北极圈内发现了鳄鱼和乌龟的化石。这说明 5500 万年前，这些动物曾经在加拿大北极圈内生活过。因此，一旦全球气温上升 5～6℃，绿色阔叶林将重现加拿大北极圈，而南极的腹地也会有类似的情景。然而，由于陆地大部分被淹没，动植物无法适应新的环境，因此将有 95% 的种类灭绝，地球面临着一场与史前大灭绝一样的劫难。人们担心，如果这种情况发生，大量会导致温室效应的甲烷气体就会释放到大气中，有可能进一步加剧地球气候变暖。

（来源：腾讯网，2007）

02 非洲干旱撕裂着干渴与饥饿

第六届世界水论坛大会通过了一份《部长宣言》，发布的“联合国水机制”报告中说，水资源是气候变化影响地球生态系统、进而影响人类生计的“首要媒介”。当今世界仍有 20 亿人不能喝到干净的饮用水，其中大部分人群居住在非洲，与气候变化以及与人口增长同步的食品、能源和卫生需求加剧了水资源的短缺。

非洲大陆是受干旱影响最为严重的地区，不少地区民众对水的需求无法得到满足。从现在起到 2030 年，气候变化会严重影响非洲大部分区域，特别是中南部的粮食产量。撒哈拉以南非洲地区基础设施落后，人口增长成为水资源短缺的主因；中东和北非因炎热、干旱气候和人口迅速增长，也在长期受水资源短缺影响。

2011 年，非洲大陆迎来了 60 年间最严重旱灾，饥渴魔影笼罩非洲。“一群瘦弱的骆驼围坐在一口干涸的水井前，一只只皮包骨头的野牛暴死在尘土飞扬的平原或龟裂的河滩上，这里的水比粮食和衣物更加珍贵”，人民眼前经常会浮现出这种噩梦般的景象。吉布提、埃塞俄比亚、肯尼亚、索马里和乌干达都受到干旱的影响，饥荒正在这片曾经富饶、美丽的大陆上蔓延。埃塞俄比亚有 8000 万人口，其中有 800 万灾民依靠食物救助，而该国部分地区的少雨使得这个数字猛增了 500 万。干旱使肯尼亚的主要粮食作物玉米的产量减少了三分之一，穷苦农民家庭受害最深。索马里人口的一半，即 360 万人急需食用水和食物的救助。坦桑尼亚也处于同样的悲惨境遇，非洲大路上每天有数以万计的人们步行数天寻找饮用水，他们的眼神中充满着期待与无助。解决非洲大陆的干旱和饮用水问题已经到了迫在眉睫的时刻！

全球气候变化是导致当前大面积区域旱情的主要原因。长期以来，人们一直预测气候变化将导致更多极端天气气候事件的出现，如旱灾、水灾和飓风。所以，如今出现这样极端的干旱天气并非突如其来。干旱与饥荒是一对

“难兄难弟”。非洲开发银行报告显示，肯尼亚坎巴地区的农作物全毁了，村民们靠着政府每个月派发的玉米、大米和少量的食用油过活。但在当地民众看来，比饥饿可怕百倍的是干渴，人们用手掘井取水，却每每挖到顽石。他们希望把水井能挖得更深，但是电力和工具又从哪里来呢？

干旱与贫穷是“一奶同胞”。罕见的干旱和饥荒令上述国家的难民问题越来越严重。据统计，2011 年涌入肯尼亚和埃塞俄比亚的索马里难民数量达到近年来的最高峰。而肯尼亚和埃塞俄比亚同样也饱受着饥荒的折磨，大约 80 万难民已经被迫逃离家园。新难民的大量涌现，令早已人满为患的难民营不堪重负。肯尼亚达达布难民营最多能够容纳 9 万难民，现在却收容着 40 万人。由于物资匮乏和卫生条件恶劣，营养不良在难民营里成为普遍现象，大规模疫情随时都有暴发的可能。联合国预测，在埃塞俄比亚、肯尼亚、索马里、乌干达和吉布提将有 1100 万人面临长期粮食短缺。

繁华的城市地区同样受到了干旱的严重影响。联合国人道主义事务协调厅的报告显示：“水力发电提供了埃塞俄比亚 95% 的电量和肯尼亚 70% 的电量，一旦河流萎缩或者完全干涸，大坝里没有水，机轮也就无法正常转动。正在当地政府费大力气活跃经济的时候，非洲大陆的干旱致使电力供应变得愈发没有保证”。

（来源：中国网，2012）

气候变化导致更多极端干旱天气与旱灾（图片来源：汇图网）

03 全球变暖给贫困国家"火上浇油"

随着人们对全球气候变化问题研究的不断深入，气候变暖给人类带来的影响越来越清晰地摆在了人们的面前。自然和环境恶化问题远不是气候变化带给人类的全部，气候变化还引起了诸多的社会和发展问题。

科学家通过建立数学模型，发现类似于在 2003 年曾造成欧洲 5 万多人死亡的热浪，可能会在 2080 年时频繁发生。他们同时还指出，2003 年的热浪不仅夺走了许多生命，还给欧洲的食品供应造成了长期的影响：意大利玉米产量一年下降了 36%；法国水果的收获量减少了四分之一。

科学家们预测撒哈拉沙漠南方的半干旱带萨赫勒，在 2080—2100 年间，当地的气温将比 1900—2006 年间的最高气温还要高出 2℃。萨赫勒这一区域在干旱季节几乎和沙漠没有差别，只有当季风带来了充足降雨的情况下，农作物才有可能长势良好。20 世纪 60 年代后期到 20 世纪 90 年代早期，萨赫勒曾经遭遇过一次非常严重的干旱。虽然随季风来临的降雨在一定程度上缓解了一些区域的灾情，但是高温仍然足以使雨水在降落到地面之前就被蒸发殆尽。目前，萨赫勒当地 GDP 中有 40% 由农业维持，有 60% 的人口为农业人口。科学家认为，未来那里不大可能再作为一个农业生产区域，可能会有相当一部分人口不得不转入城市生活，这有可能会带来一系列的社会问题，整个社会必须为此做好准备。

全球变暖不单单将会摧毁贫困国家和发展中国家的农业生产，还会在更大程度上削弱这些国家的经济和政治稳定，其作用范围远远超过人们原先的设想。美国经济学家本杰明 · 沃肯说："高温和贫困增长之间的联系要比我们以前所认识到的严重得多。"他是最早将气候变化作为经济发展的最大阻碍，并将其与经济增长联系起来进行研究的学者。他认为气候变化对一个国家的财富造成的影响将会是相当长期的，高温甚至还会削减科学技术的生产力。如果这一研究结果是正确的，那么 21 世纪内在富裕国家和贫困国家之间的鸿沟将会显著增大。

沃肯曾对过去 50 年中温度对经济增长的影响进行了研究。富裕国家的经济对于温度升高似乎是能够适应的。而近些年，当温度比区域的平均值升高了 1℃或更高之后，贫困国家的 GDP 下降了 1%。同时，在温度较高的年份，作为创新力评价标准之一的科技论文发表数量，在贫困国家也呈现下降态势。同样，这些地区所获得的经济投资也在下降。沃肯表示这一研究结果与其他研究均表明，高温会增加国内的混乱，干旱会导致政治的动荡。

科学家还指出，如果单纯考虑一些特别的问题，如干旱或食品供应方面的影响，而减缓经济增长速度的话，就会带来可能被忽略的累积效应。这样一来，如果全球的温度真像人们预测的那样增长的话，在富裕国家和贫困国家之间的鸿沟就有可能在从现在起开始的十年内翻番。而在 50 年内，这一鸿沟将扩大 12 倍。

（来源：期刊《海洋世界》，2009）

04 全球变暖威胁岛屿国家居住安全

全球变暖，冰川消融，海平面上升，危害海岸线生态系统，威胁人类食物供应和居住环境，特别是严重影响和威胁岛屿国家。吐瓦鲁是西太平洋中的一个群岛国家，由九个珊瑚岛组成，其最大的岛屿——富那富提岛周边被海水入侵了 1 米。虽说只有 1 米，但对于这个长度只有几百米长的狭长岛屿来说，1 米都输不起！吐瓦鲁人口 1.2 万，该国几乎一半的人口都居住在富那富提岛，其蜿蜒呈蛇形的海岸线被太平洋海水不断地拍打。

马尔代夫也面临着海平面上升的威胁。其总统穆罕默德 · 纳希德说："如果气温再升高 2℃，我的国家将面临灭亡。作为总统，我无法接受；作为一个人，我也无法接受。"为了引起人们对这一问题的关注，马尔代夫内阁会议曾在水下举行。据估计，到 2100 年，马尔代夫将无法居住。

基里巴斯共和国是位于西太平洋的狭长岛国。科学家推测，按照目前的发展趋势，基里巴斯到 2070 年可能会被淹掉一半。总统汤安诺说："这几年来，涨潮之时，潮水会涨得特别高，淹没了我们的海岸线，而且现在问题越来越严重。"在基里巴斯一些地区，整个村庄被迫迁徙，随着海水的入侵，农作物被毁掉，淡水资源也受到严重污染。

（来源：中国国家地理网，2009）

马尔代夫面临着海平面上升的威胁（图片来源：汇图网）

05 全球变暖，洪水肆虐威胁居住环境

尼泊尔环境部长说："近年来，尼泊尔面临很多环境问题，如冰川融化，蓝湖很可能决堤而引发洪水，洪水暴发越来越频繁，泥石流时常发生，降雨发生改变。这些对我们的农业生产有很大的影响，尽管我们不是气候变化的始作俑者，但我们却深受其害。"

洪水暴发越来越频繁，泥石流时常发生，威胁居住环境（图片来源：汇图网）

不丹面临着类似的居住环境威胁，其环境委员会主席说："特别是对于像不丹这样的山地国家来说，冰川蓝湖决堤很可能随时引起洪水暴发。这种洪水就像一场无声的海啸，将威胁到生活在下游的所有居民。"

越南自然资源和环境

副部长谈到："气候变化也影响到了越南，洪水、台风、干旱等灾害越来越频发，越来越严重。我们已尽力来减少其对生活、生产的影响，但每年我们都会有几百人死于这些灾害，都会有几千万美元的损失，而且风险还在不断增长。"

坦桑尼亚的环境部长称气候变化所带来的影响越来越明显，乞力马扎罗山80%的冰川在过去的50年内消失掉了。冰川不断融化，剩下的只是一块块孤立的冰块。

（来源：中国国家地理网，2009）

06 欧洲气候反常，面临百年大旱

2011年，欧洲出现反常的高温天气，民众在享受阳光的同时也担心面临百年不遇的大旱。冬季过后降雨量出现了异常，以英国为例，部分地区甚至出现100多年来最干旱的3月，面临着限水危机。比利时、荷兰，法国北部及瑞士中西部，地下水储量、河流和湖泊水位与往年同期相比都明显下降：荷兰部分地区禁止户外烤肉等的生火活动，以避免引发火灾；瑞士当局赶在河流干涸前移走鳟鱼，部分地区也禁止生火。

英国当地的水利公司也首次进行海水淡化工程，伦敦人已开始使用海水来应急自来水需求；法国10个水坝中，有6个低于储水标准。欧洲各国除了担心旱灾会引发森林大火的危机，更忧虑小麦歉收刺激粮价上涨，受旱情影响欧洲粮食作物的价格开始攀升，小麦价格受旱灾影响上涨15%，不少欧洲居民担心食品价格上涨将引发通货膨胀。

高温降雨极端气候让民众无所适从，以比利时为例，虽然年均温度大约在10℃上下，但开春以来气温一路攀升，最高温已达26℃。2010年11月，连日大雨堪称半个世纪罕见，短短两天降下的雨量几乎是1个月的雨量总和。科学家呼吁，如此极端气候，南欧所受影响比北欧更严重，欧洲应尽快采取必要措施，以应对越来越频繁的自然灾害。

（来源：科学网，2011）

07 全球变暖，孟加拉国雪上加霜

科学家预言，孟加拉国将是受全球变暖影响最严重的国家之一。孟加拉国地处恒河三角洲，面临着长期贫穷、缺乏资源等众多问题，并且常常遭受洪水的侵袭。

国际南极研究科学委员会发出警告，到2100年，随着极地的冰雪融化，海平面将上升1.4米左右，这对孟加拉来说，无疑是一场灾难。英国国际发展部预言，如果海平面上升1米以上，孟加拉20%的领土将被海水淹没，庄稼、牲畜将毁于一旦，疾病滋生，3000万人口将无家可归。对于已经生活在水深火热中的孟加拉国人们来说，全球变暖无疑更是雪上加霜。

政府间气候变化专门委员会估计，在未来的40年，随着气温的不断上升，孟加拉的水稻产量将下跌8%，而小麦将减产32%。人们将离开易发洪水的地区，搬到拥挤的街道，孩子们也要出去挣钱来维持生计。

（来源：中国国家地理网，2009）

08 巴西热浪侵袭，人挤人似“煮饺子”

2012年2月5日，巴西里约热内卢的伊帕尼玛海滩挤满了前来消暑的人们，难耐高温，民众纷纷在海滩游泳避暑，海面上人群密集如同“煮饺子”一般。

里约热内卢近来饱受热浪侵袭，人们于是纷纷换上泳装奔向海滨浴场。一眼望去，数千人挤在海滩上，场面好似“煮饺子”。据报道，一般情况下，里约热内卢2月份的平均气温为29℃，2012年却达到了34℃。民众纷纷奔向海滩消暑，遮阳伞密密麻麻地支起，使海滩拥挤不堪。就连浅海区也到处是人的身影，人们争抢着跳进海里，泡水“降温”。

（来源：中国新闻网，2012）

09 澳大利亚大堡礁或将消失

澳大利亚海洋学家曾在国际海洋会议上表示，受全球气候变暖影响海水逐渐变暖，澳大利亚大堡礁将在20年内消失。这次会议发表的一份联合声明警告说，到21世纪中叶世界范围内的珊瑚礁灭绝将不可避免。一旦二氧化碳在2030—2060年间达到预想的水平，全球所有的珊瑚礁都将注定灭亡。

珊瑚礁是世界上最敏感的海洋生态系统，海水温度的升高和pH值的降低

到21世纪中叶世界范围内的珊瑚礁灭绝将会是不可避免的（图片来源：汇图网）

都将带来双重打击。在热带地区表层海水温度上升最快，所以容易对珊瑚礁造成致命威胁。另一致命威胁来自更高的纬度，因为那里寒冷的海水吸收大气中的二氧化碳更容易，因此海水的酸性化变得更快。而海水的酸性化将使珊瑚礁的生长变得不可能，科学家认为目前赤道地区的海水酸度值正在向极限逼近，那里的珊瑚礁正面临着生存挑战。

在地球史上的5大灭绝事件中，二氧化碳都曾经扮演着主要角色。目前，大气中二氧化碳的浓度一直高于20万年前。在二叠纪的生态浩劫中，地球上大量物种灭绝，其中热带海洋生物受到的打击最严重。

大堡礁是世界上最大和最多样化的海洋生态系统，它每年可为澳大利亚带来45亿美元的收入。全世界珊瑚礁可带来的收益为3000亿美元。珊瑚礁的消亡不仅意味着这些收入的不复存在，整个海洋生态系统也将受到极大打击。

（来源：中国天气网，2009）

10 英国称全球变暖将是“灾难性的”

2009年，英国政府发布一份“全球气温升高4 ℃影响图”，描述了如果无法遏制全球变暖趋势，可能将出现的“灾难性”景象。英国科学家约翰·贝丁顿在伦敦科学博物馆的发布报告上说，当前世界的目标是全球平均气温与工业化前相比升幅不超过2 ℃，如果升幅达到4 ℃，对英国的影响将是“灾难性”的。

英国气象局曾公布了一些相关预测内容，但这份影响图更加直观地以世界地图的形式展示了预测结果。从这份影响图来看，在全球平均气温上升4 ℃的情况下，北极地区气温可上升达16℃，地中海沿岸地区水资源将减少70%，美洲的玉米和谷物产量将减少40%，而亚洲一些国家的水稻产量将减少30%。

在伦敦科学博物馆举办“事实证明”的气候变化展览上，博物馆馆长克里斯 · 拉普利说：“这一展览将通过多媒体互动方式，让参观者与哥本哈根会议上的政治家、经济学家、科学家、联合国官员等虚拟人物讨论气候变化问题，把应对气候变化的信息传递给博物馆每年300万人次的现场参观者和1000万人次的网上参观者。”

（来源：新华社，2009）

11 全球变暖威胁俄罗斯游牧民族

西伯利亚西北部的偏远地区是世界上仅存的最大的荒原之一，一个由湖泊和一直延伸深入到北冰洋的平展冻土层组成的长达435英里的半岛。土生土长的涅涅茨人沿着亚马尔半岛一带来回迁徙有1000年了。夏天他们赶着驯鹿向北迁移，一路上穿过沼泽区、杜鹃花似的灌木丛和被风吹打的桦树。冬天他们向南做反向的迁徙。

但是这个西伯利亚西北部的最偏远地区现在正遭受到全球变暖的严重威

全球变暖威胁俄罗斯游牧民族（图片来源：汇图网）

俄罗斯有5000英里铁路线修筑在永久冻土层上，会因冰层融化而瘫痪（图片来源：汇图网）

胁。传统上涅涅茨人在每年11月穿越冰冻的鄂毕河并在纳德姆周围的南部森林里扎营。但如今，这项一年一度的冬季大迁徙被推迟了。2008年以后，涅涅茨人和他们成千上万的驯鹿一起，直到12月下旬冰层终于厚到可以在上面穿过时才开始迁徙。

“我们的驯鹿很饥饿。没有足够的牧场”，一个放牧驯鹿的涅涅茨人说，“雪比以前融化得更早更快。在春天驯鹿就很难拉雪橇了，我们很累”。在亚尔萨列营地里，牧民们说半岛的天气越来越难以捉摸，在驯鹿生育的5月份有反常的雪灾，而秋季更温和持续时间更长。在冬天过去气温会下降到零下50℃，但现在气温通常只有零下30℃。“我们当然喜欢零下30℃。但这个变化对驯鹿不利。归根结底有利于驯鹿的就有利于我们”。

这个地球上最偏远的地区也已经处于紧张的环境压力之下。近年来，涅涅茨人到达一个定期的夏季露营点后，发现湖泊有一半已经消失。因为山体滑坡，填埋了一半的湖泊。科学家表示，山体滑坡会自然发生，表明亚马尔古老的永久冻土层正在融化。涅涅茨人还报告了其他的奇怪的变化——蚊子减少了，但牛虻却令人费解地增多了。

“这是全球变暖活动的一个迹象，就像今年夏天，北极航运水域的开放一样”，俄罗斯绿色和平组织能源部门的负责人说。通过释放出几十亿吨困在冻土里的二氧化碳和高效的温室气体甲烷，俄罗斯的永久冻土层的融化可能会对世界产生灾难性的后果。

冻土带上，一位涅涅茨人正赶着他的驯鹿。有一些已经回到营地，它们的咀嚼声就像是一千根编织针在轻柔地摩擦。“我一辈子都生活在冻土带上”，他说，“对于我们来说，驯鹿意味着一切食物、交通和住宿。我唯一的希望是，我们能够继续这种生活”。

（来源：网络《新浪科技》，2009）

12 全球变暖，俄罗斯北方地区将变成沼泽

许多科学家担心，如果全球气温升高 4℃，对俄罗斯的影响将是灾难性的。俄罗斯北方大部分地区将变成无法接近的沼泽。

许多俄罗斯人怀疑气候变化的存在。有些人则将全球变暖合理化，认为它可能会造福于这个世界上最寒冷的国家，融化的北极将有利于石油和天然气开发，并延长这个国家短暂的作物生长季节。俄罗斯的科学界对全球变暖似乎持怀疑态度，而克里姆林宫似乎也不认为这是一个主要的国内问题，俄罗斯国内的气候变化意识比任何欧洲国家都要低。

但是，西方政治家指出，对气候变化采取行动符合俄罗斯的利益。“俄罗斯有 5000 英里[1]的铁路线修筑在永久冻土层上。它会因为冰层融化而瘫痪”，英国负责气候变化事务的国务大臣埃德—米利班德在最近访问莫斯科时指出。

然而，即使是在北极工作的俄罗斯人也不确信自己的国家面临着严重的气候变化问题。Alexander Chikmaryov 说，他负责管理这个亚马尔半岛偏远的气象站。事实上，气象站的数据也表明，全球变暖在这里是一个真正的问题。2008 年，这里的冰层厚达 164 厘米，今年是 117 厘米。冬季的气温也在上升——从气象站建立时的 1914 年记录下的最低气温零下 50℃，到今天的零下 40℃。此外，每一年海岸上都有大的土块掉落到海里，而气象站就是这样危险地坐落在海岸上。

（来源：人民网，2009）

13 全球变暖助推莫斯科森林火灾？

2010 年，全球出现了一连串的高温极值。美国国家海洋局报告，2010 年 6 月不仅是有历史记录以来最热的一个 6 月，也连续 4 个月创造了高温纪

1　1 英里 =1609.344 米。

俄罗斯首府莫斯科红场

录。报告说，6月是连续第304个月全球表面温度超过了20世纪平均水平，这个数字是在不断累积的证据上加了1条，表明气候变化正坚定不移地来了。自19世纪末以来，全球年平均气温最高的10年均出现在过去15年中。

2010年夏天，北半球普遍高温。在一片高温的恐慌中，俄罗斯这个历来以严寒著称的国家，在这一轮的酷热中受灾颇重。从6月份开始，俄罗斯不断刷新温度纪录。以西伯利亚东部城市奥伊米亚康为例，这个世界上最冷的城市冬季温度可以低至零下32℃，然而近日这里的气温竟然高达零上32℃。7月26日白天，莫斯科气温达到了130年来的历史最高温度37.2℃。

整个夏季俄罗斯都备受煎熬。森林大火在各处爆发，从远东到乌拉尔山脉都发生了火灾。莫斯科郊外的沼泽因气温过高和沼气而造成多处起火，火灾引发的烟雾笼罩了莫斯科，久久无法散去。莫斯科一家卫生机构预计，在莫斯科市内穿行几个小时，吸入的烟尘浓度相当于吸了两包雪茄。由于普通莫斯科家庭均没有安装空调，对他们来说这个夏天无异于一场噩梦。仅在6月和7月，就有超过2000人在俄罗斯的各处河流和水库游泳时溺亡。

（来源：中新网，2011）

14 北极永久冻土融化引爆“定时炸弹”

科学家们发现，北极地区海床底部数百万吨的甲烷正缓慢地释放到大气中。此前研究人员已经注意到海面上泛起的气体泡沫，它们是通过海底“甲烷烟囱”冒上来的。过去海底永久冻土层曾像盖子一样阻止了甲烷的外逸，但如今这个永久冻土层已经融化掉，“盖子”的作用已经丧失，致使甲烷气体轻而易举地从上个冰纪前形成的海底沉积地冒出来。

北半球有 1/4 的陆地地表包含永久冻土、水和岩石。永久冻土是在最后一个冰河时代形成的。那时海平面很低，永久冻结带延伸在海洋之下，深藏于海床下面。这些冻土中包含有机碳，它们以很久前死去的动植物形式存在。比如，猛犸象和大量的苔原已经被冰冻了数万年。当永久冻结带融化的时候，其中的大部分碳就会释放到大气中。也就是说北极冰冻圈中封存了大量的碳，其中既有元素碳、有机碳，也有固态的天然气水合物，就是甲烷冰，又叫可燃冰，它们都被冰冻在北极冰下。

美国科学家表示北极海底正在释放大量甲烷气体。海底永久冻土是一个庞大但很大程度上被忽视的温室气体来源。21 世纪将有 1000 亿吨的碳会被解冻释放出来。如果这些碳都以甲烷的形式出现，那么其产生的温室效应以目前二氧化碳年排放水平计，相当于 270 年的排放量。21 世纪末地球最北端将升温 10℃，数百米深的永久冻土带将面临着融化的风险——科学家形象地比喻“北极地区不仅仅是一块易碎的反射镜，也是一个炸弹库”。

西伯利亚北极大陆架面积 200 万平方千米，表面存在多处深度不足 50 米的浅海，而永久冻土层遍布整个大陆架。海拔高于大陆架的部分水体充满了甲烷，正被释放到大气中。当前北极大气中的甲烷含量是最早可追溯至 40 万年前的几个气候循环所记录的甲烷含量的三倍。科学家指出这种现象极有可能并不限于东西伯利亚海。如果东西伯利亚海的永久冻土正在融化，那么北极大陆架沿线的所有浅海应该也会遭受同样的影响。但目前尚不清楚人为诱发的气候变化是否是引起北极大陆架水体释放甲烷的原因。

全球气候变暖可能正在加速本应是自然进程的气候循环的步伐，产生一个反馈环路：永久冻土释放的甲烷令地球温度进一步上升，地球温度上升使得更多的永久冻土融化，进而释放出更多的甲烷，整个过程往复循环。

（来源：网络《拯救地球》，2010）

15 气候变化致阿尔卑斯南北现两重景观

气候变化给阿尔卑斯山脉造成的剧烈影响正前所未有地凸显出来。欧盟发布报告指出，全球变暖使得山脉被分割成南北两相对照的气候区域，两侧都面临着新问题，山脉北部洪水泛滥，南部却水资源短缺。在日益湿润的北部区域和更为干旱的南部地区（主要是意大利和斯洛文尼亚之间），阿尔卑斯山著名的最高峰勃朗峰，还有马特洪峰、罗莎峰群构成了分界线。

阿尔卑斯山东南部在过去的100年里降水量下降了差不多10%，而西北部山地在此期间的降雨和降雪却上升了同样多的百分点。变化的降雨和降雪模式、收缩的冰川，还有不断升高的气温不仅会影响到山脉，而且会影响到依赖山脉资源为生的居民。

山脉北侧区域正遭受越来越严重的洪水泛滥，洪水和泥石流在某些阿尔卑斯居民区越来越成为常见的危害。而与此同时，在山脉南侧，越来越少见降雪，有些地区出现了水资源短缺。由于气候变化，那里的观光和商贸活动也面临着威胁。这里很多欧洲著名的风景胜地，包括意大利的多洛米蒂山脉，都处在威胁之中。

阿尔卑斯山地的破坏在加剧，而且水资源供应的难以为继也比早先预想的要严重得多，整个阿尔卑斯山脉的情况正变得越来越糟糕。冬季滑雪场对人工造雪的需求日益增长，这项冬季运动作为阿尔卑山地经济的支柱需要保持下去，但是也给已经处于很大压力之下的水源和能源供应造成了更沉重的负担。

从西部的法国西部到东部的匈牙利，8个国家的大约1600万人口都生活在这个欧洲最大山脉的臂弯当中，来自山脉的降雨和降雪不但是莱茵河、多瑙河、罗纳河、坡河的水源，而且给这些河流提供了80%的水量。阿尔卑斯山是欧洲的水塔，但是越来越多的水源已经不能送达到下游需要用水的生态系统、农业生产和水力发电。

（来源：科技日报，2011）

16 中国西南地区特大旱灾

2010年，中国西南地区发生了严重干旱，因干旱造成5000万人受灾，饮水困难的人数达1805万人，耕地受旱面积9654万亩[1]，直接经济损失350亿元。这次是有气象资料以来，西南地区遭遇的最严重干旱。干旱的原因是降

1 1亩=666.67平方米。

2000年以来，西南地区雨季降水减少、温度升高，蒸发量增大，导致严重旱灾（图片来源：汇图网）

水少、气温高，双重原因共同作用。旱灾呈现持续时间长、干旱面积大、影响程度重的特点。复杂的海洋环流和大气环流异常造成了中国西南地区持续干旱。西南地区的降水主要是由印度洋和孟加拉湾的水汽输送的。但2009年以来降水很少，这是因为印—缅槽活动很弱，对水汽输送不利；另外，从2009年秋冬季开始，青藏高原上的大气环流开始出现明显异常，高原地区形成顽强的冷高压气团，气压场偏强，挡住了从印度洋和孟加拉湾过来的暖湿气流，而北方的冷空气不易到达西南地区云贵高原腹地，冷暖气流难以交汇形成降水，所以降水偏少导致干旱比往年严重得多。

2000年以来，云南、贵州一带一直处在降水偏少、温度偏高的大气候背景下，最近这几年也不同程度出现一定的旱情。而干旱形成的条件主要有两点，一是降水持续偏少，二是气温偏高。2009年9月以来，云南、贵州大部及广西、四川、重庆的部分地区降雨量较多年同期总体偏少五成以上，一些地区偏少七至九成。而云南整个冬季平均气温达到了自1950年以来的最高水平。雨季降水少、存水少，温度高，必然造成蒸发量大，土壤失墒严重，加之2010年干季缺水明显，直接导致了这次严重旱灾。

陈宜瑜院士表示，西南地区发生的旱情是正常的、是周期性的自然灾害，水灾、旱灾的发生都是正常的，因为地球总是在变化中。气候异常是肯定的，毫无疑问的。2010年整个全球气候异常很突出，中国的旱灾也是全球气候异常表现的一部分。孙鸿烈院士表示他更倾向于西南旱灾是大气环流异常造成的、是气候变化的判断。西南旱灾是大气环流问题，不是环境、生态问题。当然干旱之后，肯定会对当地的生态环境带来影响。

（来源：人民网，2010）

17 中国长江中下游异常大旱

2011年5月30日，浙江舟山气象局发布干旱橙色预警。舟山水库蓄水率只有约26%。由于持续少雨，舟山居民饮用水和农业生产用水均受到影响。舟山市启动抗旱Ⅱ级应急响应，部分地区采取了限时供水、应急供水和送水等措施。一场历史罕见的大旱将在中国水资源丰富的长江中下游地区上演。导致大旱的直接原因是气候异常，在全球气候变暖的大背景下，这次大旱再次表明“气候危机”已经越来越深入地影响到民众的生活。

2011年前5个月，长江中下游大部分地区降水量较常年同期偏少三至八成。安徽、江苏、湖北、湖南、江西等地平均降水量为1954年以来同期最少。中国气象局评估，这是长江中下游自1954年有完整气象观测记录以来较为严重的旱情，达到极端气候事件标准。

在湖北长江边水田几乎都没有栽上秧苗，旱地刚种植下去的棉花也是“奄奄一息”，冒出来的苗还不到往年的一半高。农民在一个快见底的湖里挑水，拿着瓢，一瓢水一瓢水地浇地。而在岗地10米深的压把井已经打不出水来，只能靠消防车送水来满足人畜饮水。湖北、湖南、安徽、江苏、江西等长江中下游五省共有3483.3万人遭受旱灾，423.6万人饮水困难，农作物受灾面积3705.1千公顷[1]，其中绝收面积166.8千公顷，直接经济损失达149.4亿元。

长江中下游地区遭遇的这场异常干旱，专家认为主要是由于在全球气候变暖的背景下，大气环流发生了显著改变。受拉尼娜现象影响，自2010年底以来大气环流出现异常。西太平洋副热带高压势力整体偏弱，暖湿气流无法深入到长江中下游地区。与此同时，受拉尼娜现象影响，西北气流占据主导地位。今年冷空气南下频繁，也压制了暖湿气流北上，一直都难以形成持续性的降水，这造成了长江中下游大部分地区的降雨偏少。这次干旱再次说明气候变化对人们生活的影响越来越明显。气候变暖导致低层空气明显变暖，大气不稳定性增加，极端天气气候事件发生的频率和强度都有所增强，气象灾害的发生更加难以预测。在过去几十年气候变暖的过程中，尤其是20世纪90年代以来，长江流域洪涝灾害发生的频率正日益加大，极端严重的洪灾、冰雪灾害及

1 1公顷=10000平方米。

干旱事件有增加的趋势。长江流域未来 50 年地面气温将可能上升 1.5～2℃，受全球气候变化的影响，极端气候发生的频率将呈进一步增加趋势。

（来源：新华网，2012）

18 青藏高原冰川融化引发洪涝灾害

气候变暖引起的冰川融化已是全球性的问题。在“世界屋脊”青藏高原，这一问题显得尤为严重。青藏高原不仅是世界上最大的高原，也是世界平均海拔最高的高原。这座高原大部在中国西南部，包括西藏和青海、四川西部、新疆南部，以及甘肃、云南的一部分。此外，整个青藏高原还包括不丹、尼泊尔、印度、巴基斯坦、阿富汗、塔吉克斯坦、吉尔吉斯斯坦的部分地区，总面积 250 万平方千米，我国境内面积 240 万平方千米，平均海拔达到 4000～5000 米，是亚洲许多大河的发源地，如长江、黄河、湄公河及恒河。这些河流不仅在历史上曾孕育出辉煌的文明，而且如今更是流域附近人类生活的保证及维持生态系统的基础。此外，这些大河流经地往往都是人类居住最为密集之地。发源于青藏高原的大河已成为 10 多个国家近 20 亿人口的生命线。

美国冰川学家郎尼 · 汤普森曾把青藏高原冰川称为“亚洲淡水银行账户”，说明了青藏高原对于亚洲地区的重要性。如今青藏高原冰川正遭受前所未有的危机，同其他冰原地区相比青藏高原似乎显得更为脆弱，积雪融化速度快得惊人。在过去的一个世纪，青藏高原地区平均温度升高了 2.6℃，远远高于全球平均升温速度。青藏高原的冰川大都处于高海拔低纬度地区，意味着这些冰川对于气候变化尤为敏感，因此融化速度会进一步加快。中国科学家已对青藏高原 680 座冰山进行了长期跟踪调查，他们发现其中近 95% 的冰川积雪融化速度已超过融雪形成速度，而高原南部及东部的冰川融化速度之快更为严重。

冰川消融带来的弊端已经出现。在青藏高原北侧，当地的草场和湿地正逐渐萎缩。牧民们赖以生存的永久冻土层也在退化。当地数千条湖泊已经干涸，如今这一地区近 1/6 的土地已沙漠化。然而在青藏高原南侧却又是另一番景象。冰川的迅速融化使得当地多个村落水源量出现富足。当然，水源充足为当地带来了不少好处，比如说农作物生长良好、草场能够长期保持茂盛等。不过，水量过多也存在较大弊端，不仅会带来洪涝灾害，河流流量的增加还冲走了大量土壤。在巴基斯坦和不丹的山区，大量积雪的融化形成了数千个冰川湖，不过，这些湖泊十分不稳定，一旦冲破护堤，后果不堪设想。

水源充足和水源稀缺这两种独特的景象反映出了青藏高原地区的整体危机。即使如今很多地方水源充足，不过从长远来看冰川的过度融化意味着总有一天，供养亚洲各国的生命线会出现枯竭。如今科学家也无法准确预测这种情况具体会发生在什么时候。有科学家认为，不管供应线何时枯竭，对于亚洲很多国家来说，造成的影响是灾难性的。

（来源：中国节能环保网，2012）

19 海平面上升危害中国沿海地区

《广东气候变化评估报告》指出，如果按照人类现在的情形，2030 年海平面将上升 30 厘米，珠三角可能有 1153 平方千米土地被淹没，受威胁最大的有广州市、珠海市和佛山市，经济损失约 560 亿元；在无防海潮设施情况下，淹没面积可达 5545.69 平方千米，范围扩至中山、东莞等。这份报告发人深省，凸显了海平面上升可能造成的危害。

我国从 2000 年开始发布海平面公报，不断刷新的数据表明，海平面上升速度在加快，而且高于全球。我国沿海海平面在过去 30 年上升了 90 毫米，平面速率为 2.6 毫米 / 年，高于全球的 1.8 毫米 / 年；2008 年还创下近十年最

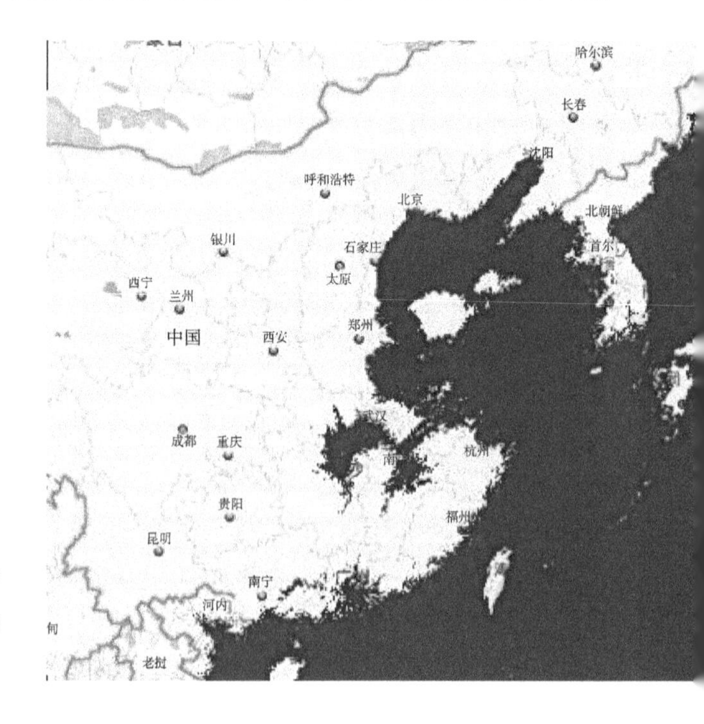

“海平面上升 60 米后的中国沿海（绘图 / 宋英杰）”。惊呼：怎么南京也找不到了？

高，预计未来 30 年将再上升 130 毫米；具体是南部升幅高于北部，长三角、珠三角、黄河三角洲和天津沿岸是受其影响的主要脆弱区。

过去 30 年，上海海平面已经上升 115 毫米，预计 2050 年较 1990 年将上升 700 毫米。2008 年广东海平面比 2007 年上升 44 毫米，为各省之最。当年全省 GDP 为 35696.46 亿元，占珠三角地区 GDP 比重超过 80%。而珠三角绝大部分地区海拔高度不到 1 米，其中有 1/4 的土地在珠江基准面高程 0.4 米以下，大约有 13%的土地在海平面以下。尽管没有科学数据显示海平面上升对 GDP 的比值影响，但毋庸置疑的是，如同全球其他临海国家，我国的人口和经济也相对集中在沿海城市，些微的海平面上升，将造成巨大的经济和社会影响。

海平面上升除直接淹没土地外，还将加剧风暴潮等极端天气事件，加速咸潮发生和土壤盐渍化，并进而影响沿海农林渔业以及城市供水系统，海岸侵蚀、海水入侵还会破坏海岸带生态。这些海洋灾害难以短期恢复，将长远地影响着人类生产和生活。

（来源：中国新闻网，2012）

20 全球变暖加速黄河源冻土退化

20 世纪 80 年代以来，黄河源区气温以每年 0.02℃的增温率持续上升，加之人类经济活动日益增强，导致冻土呈区域性加速退化。多年冻土下界普遍升高了 50 ～ 80 米，最大季节冻深平均减少了 0.12 米。冻土退化总体趋势是由大片状分布逐渐变为岛状、斑状分布，多年冻土层变薄，冻土面积缩小，融化区范围扩大。部分多年冻土岛完全消失变为季节冻土。从而导致黄河源区冻土退化加速，生态环境恶化加剧。

黄河源区是大片连续多年冻土和岛状多年冻土以及季节冻土并存的地区。近数十年来，受全球气候变暖和日趋频繁的人类经济活动的影响，源区主河道断流、水土流失、草地生态系统持续退化、土地沙化及荒漠化日趋严重。此外，源区内地下水位持续下降、水资源不断减少；草场退化和地表荒漠化迅速扩展，地表植被覆盖度减小；气候变暖导致融化层内地温增温速率快，蒸发量增大。在这种生态环境下，土层升温又进一步加速冻土退化。近年来，源区冻土退化的迹象越来越明显。多年冻土退化在平面上表现为其分布面积缩小、季节冻土和融化区面积扩大。例如，20 世纪 70 年代以前，黄河沿（玛多县城原址）和玛多县城（现址）均为多年冻土地段。经反复勘察证实，在

长江正源姜根迪如冰川对比（图片来源：人民网；上图－茹遂初摄影（1976），下图－王海荣摄影（2010））

20 世纪 90 年代以后均变为季节冻土段。

目前，玛多县城附近多年冻土分布界线已向西扩延约 15 千米远，县城北山前多年冻土下界目前在海拔 4350 米以上；黄河沿处多年冻土界线亦向北推移 2 千米。另外，在源区东部发现多处垂向上不衔接的埋藏多年冻土层，其埋藏深度亦在逐年加深，中间的融化夹层逐渐增厚。

科学家发现，目前冻土下界较 20 世纪 80 年代前普遍上升 50 ～ 80 米。例如，青康公路沿线的野牛沟段冻土下界由海拔 4320 米上升至目前的海拔 4370 米；而在该县城北的山坡上，冻土下界由海拔 4270 米上升至目前的海拔 4350 米以上。20 世纪 80 年代期间平均最大季节冻深 2.35 米，而 90 年代期间其平均值为 2.23 米，冻结深度减少了 0.12 米。发育在原冻土下界附近的多年生冻胀丘，目前已消融坍塌。而在相对较高部位又发育新生冻胀丘。在缓坡上部沼泽湿地向高处位移，热融滑塌陡坎有明显溯源侵蚀现象。源区内多年冻土退化的总体趋势是由大片连续状分布逐渐变为岛状、斑状，冻土层变薄，面积缩小，部分斑状冻土消融为季节冻土。

黄河源区特有的地理位置和地形、地貌、水文条件及干寒的气候决定了本区为季节冻土，以及岛状和大片连续多年冻土并存的分布格局。大部分地段多年冻土层温度较高、厚度较薄，属不稳定和极不稳定型多年冻土。总之，气候持续转暖是造成黄河源区多年冻土区域性退化的根本原因。

（来源：人民网，2010）

21 三江源区旱情沧桑变化

三江源地区三十年沧桑变化，黄河正源的星宿海已经名不符实，过去星罗棋布的美丽的湖泊景象，现在已经变成干涸的湖底、荒芜的戈壁；而在长江正源的姜根迪如冰川，则明显可以看到大片的冰川退缩融化。

著名摄影家茹遂初先生分别于2009年、2010年两上高原，进入三江源地区考察，拍摄黄河正源的星宿海和长江正源的姜根迪如两地照片。2010年3月成功抵达长江正源的姜根迪如冰川，完成了民间考察拍摄的壮举，首次为我们揭开了长江黄河源头三十多年来冰川融化萎缩的真相。

（来源：人民网，2010）

黄河正源星宿海对比（图片来源：人民网；左图－茹遂初摄影（1972），右图－曲向东摄影（2009））

22 全球变暖，三江源区鼠害盛行

三江源区草原上的一片片鼠洞令人触目惊心。如今三江源地区每天都会有草地被不断繁殖的老鼠吞噬，这里正在开展一场艰巨的人鼠大战。

在巴颜喀拉雪山山口，东巴一家四口的帐篷就搭建在这里。东巴10多年前养了800多头（只）牦牛和羊，村子里很多人和他一样，都算比较富裕，但现在不行了，草场越来越少，牛羊也越养越少。

三江源地区草地被不断繁殖的老鼠吞噬（蔺学东 摄影，2004）

东巴说，以前这里草长得很茂盛，有50厘米高，现在却是贴在地面上生长。草皮上黄灰色的老鼠，从洞口钻出来，在到处悠闲地转悠，我们最头痛的是草地上到处都是老鼠，杀也杀不尽，它们吃尽了草皮、草根，导致牛羊就没有草可以吃了。

在三江源，凡是有草皮的地方，都能见到老鼠洞。鼠害严重，导致草场退化，三江源地区很多牧民面临与东巴一样的困境。20世纪70年代，玛多县水草丰美，8000名左右的牧民最高养有80多万头（只）牛羊，人均年收入为500元，是当时全国首富县；而如今由于草场退化，玛多县人均收入也因此急剧下滑。

玛多县草原站站长桑杰才说："我们现在正在进行一场新中国成立以来规模最大的一次人鼠大战，一只老鹰一天最多可以抓到80只老鼠，可以保证650亩的草原上没有老鼠"。除了从2006年以来对2500万亩草原投放无二次毒害的生物防鼠药外，又在400万亩草原上安装6150根招鹰架、鹰巢等，"我们正在想办法将鼠害降到最低"。

（来源：《广州日报》，2009）

23 冰川消融"激活"古老病毒

雄踞地球之巅的青藏高原不仅是黄河、长江、澜沧江、怒江、雅鲁藏布江、恒河、印度河的源头，而且有大量冰川发育，人们称它为"亚洲水塔"。

青藏高原集冰川、冻土、沙漠和湖泊"四位于一体"。它的生态属于脆弱的冰冻圈结构，各个环节互相制约，且都非常敏感。随着全球变暖，冰川正在加速消融，冰川学家和古气候学家指出：衡量未来冰川消失的尺度不再是千年，而是百年，甚至是十年。

在青藏高原上，科学家用直径6～10厘米的钻头打入冰层数百米。对取出的冰芯进行分析研究，发现在这种广袤的极端冰冷世界里，存在着许多鲜为人知的微生物，包括病毒、细菌、放线菌、丝状真菌、酵母菌和藻类。其中一些病毒对人类健康有潜在的危害性。研究者收集和培养出来的细菌有一百多株。经对比发现，青藏高原冰川内的微生物含量比南极更为丰富。微生物对人类有害的不多，但冰川中存在人类并不了解的未知病毒。温度升高以后，有些微生物可能复苏，并不能排除变异的可能。有的科学家认为，明天就发生一场灾难也并非不可能，因为人类对一些远古病毒的内部特性知之甚少。

许多微生物是通过风的传播而最终留在青藏高原的冰川里。同样，从逐渐融化的冰川里显露的微生物，也会通过风的流动传播和扩散；或者它会进入一条受伤的鱼体内，游向下游，被一只鸟或其他动物捕食，病毒就会扩大种群，在宿主的种群中传染开来。另外，人类活动增加，也增加了病毒遗传变异的几率。所有这些意味着一些未知病毒在等待宿主的到来，"激活"后的病毒将对人类的免疫力形成挑战。

美国科学家称，在拥有约 14 万年历史的古代冰芯中找到了番茄病毒株。该病毒的发现增加了冰层中保存有人类和其他宿主病毒的可能。科学家丹尼 · 索哈姆等也撰文称，在西伯利亚的季节冰中找到了不到 1 岁的 A 型流感病毒。

人们担心，随着全球气温升高，那些冰川中被冷冻保存千年、万年甚至更久的病毒和细菌随时会被释放出来，威胁人类。尽管还不能确定有多少古老病毒会重返现代社会，也还不能确定它们中有多少会威胁人类生存环境和健康，但随着全球气候变暖，这一切肯定迟早将会发生。

此外，科学家发现，若全球气温持续上升，北极冰山融化将释放大量被捕获、截留在冰和冷水中的有毒化学物质。科学家警告称这些聚集在极地的大量的毒物是未知的，它们的释放将严重危及海洋生物和人类生存环境。这些将渗出的化学物质包括杀虫剂 DDT、氯丹等。所有这些都是持续性的有机污染物，或将会导致癌症和先天缺陷。

（来源：新闻网，2007）

24 气候变暖导致全球地震活跃度剧增？

2011 年 3 月 11 日，一场人类观测史上最强烈的 9.0 级地震在日本本州岛附近海域爆发，进而引发的海啸席卷日本东北沿海数个县市，给日本造成了战后以来最大的损失。回顾近些年来，我国汶川及印度尼西亚、海地，地震灾害频发，地球似乎变得更加敏感、脾气暴躁、喜怒无常。

澳大利亚科学家汤姆 · 查克最近表示，当前世界范围内的地震活动比 20 年前活跃了 5 倍。美国宇航局太空监测数据证实，作为一个整体，地球每平方千米吸收的太阳能量比反射回太空的能量至少多 0.85 兆瓦。这种热量失衡意味着地球内部产生的热量无法散失，地球内部肯定会变得过热。地震、地质构造和火山活动的增加是所观测到的地球热量失衡不可避免的后果。而目前全球日趋严重的气候温室效应，正是造成地球热量失衡的罪魁祸首。

除非全球变暖问题，即地球持续的热量失衡问题得到迫切和广泛的关注，否则全球范围内地震、火山和地质构造活动将可能会快速增多。

（来源：中国能源网，2011）

25 全球变暖导致土壤碳流失

科学家称，气候变暖导致土壤释放出大量的碳，结果又增强了全球变暖的趋势，形成了一种恶性循环。

英国科学家报告说，他们在 1978—2003 年间对英格兰和威尔士地区 6000 个地点的土壤标本进行了两次测量。这些地点包括草地、泥炭地、丘陵、森林、农田和灌木丛，主要测量每克土壤中有机碳的含量。测量和计算结果表明，英国土地平均每年流失 1300 万吨碳，这几乎相当于英国自批准加入《京都议定书》以来所减少的碳排放量。

科学家指出，土壤碳流失普遍存在，而且与土地类型无关，说明全球变暖是造成这种结果的“罪魁祸首”。气温上升导致土壤中细菌新陈代谢加快，它们向空气中释放的碳也就增加了。

（来源：新华网，2005）

26 全球变暖加重山火猛烈程度？

20 多年前，美国蔓延范围超过 2000 公顷的大火较为罕见，而过去 10 年出现了 200 多起蔓延范围超过 2 万公顷的大火。美国地理学家韦布伦说，研究证明，自 20 世纪 90 年代以来，北大西洋表层水温上升与美国西部的干旱现象密切相关。如果未来 60 年这一趋势像过去一样继续，那么美国西部山火之频繁将是史无前例的。

极端天气引发的灾害正以前所未有的频率和规模向人类发出警告，一切都不是偶然发生的！就全球频繁发生的山火来说，尽管导致这些山火发生的原因不尽相同，但一个不争的事实是，全球变暖、气候异常导致的长时间干旱增大了山火发生的频率，加重了山火的猛烈程度，同时也增加了扑灭的难度。2010年加州大火发生前，洛杉矶及南加州其他地区气温上升，一些地方气温甚至高达38℃，破了近30年来的最高纪录。美国国家海洋局报告称，2010年6月不仅是有历史记录以来最热的一个6月，也连续4个月创造了高温纪录。希腊2007年森林火灾发生时，热浪曾席卷了欧洲南部。澳大利亚2010年2月山火发生时，这个大洋洲国家也遭遇了百年一遇的酷暑和干旱。

2010年夏天，北半球普遍高温。在一片高温的恐慌中，俄罗斯这个历来以严寒著称的国家，在这一轮的酷热中受灾颇重。从6月份开始，俄罗斯不断刷新最高气温纪录。以西伯利亚东部城市奥伊米亚康为例，这个世界上最冷的城市冬季温度可以低至零下32℃，然而当时的气温竟然高达零上32℃。7月26日白天，莫斯科气温达到了130年来的历史最高温度37.2℃。整个夏季俄罗斯都备受煎熬，导致森林大火在各处爆发，从远东到乌拉尔山脉都发生了火灾。莫斯科郊外的沼泽因气温过高和沼气而造成多处起火，火灾引发的烟雾笼罩了莫斯科，久久无法散去。

（来源：人民网，2009）

27 全球变暖让暴风雪来得更加猛烈

2010年12月，欧洲大部分国家及中国北部，出现特大暴风雪。联合国环保组织称，此次出现的特大暴风雪可能是因为人类破坏生态平衡出现全球变暖所致。气候变暖，全球应该出现干旱、少雨才对，怎么会出现暴风雪呢？例如，非洲气候一年比一年热，不管是冬天还是夏天，都表现为干旱缺水。

全球气候变暖加剧了极端天气的发生。不仅仅是冬季暴雪，夏季高温同样源于全球变暖，它们被称为极端天气。科学家根据研究认为，全球变暖导致了极端天气的增多。随着全球气温升高，格陵兰岛的冰川不断融化，越来越多的淡水汇集到北大西洋，致使这里的海水盐度不断降低。盐度降低使得海水失去重力的推动，无法形成热盐环流，海洋的热量交换机制失效，这才出现了“热的地方更热，冷的地方更冷”的极端天气。

极端暴风雪天气会逐渐常态化（图片来源：汇图网）

所谓的全球变暖，不是地球上每个地方都变暖，而是一个平均状况。因为全球大气的能量、质量是守恒的，有的地方高，有的地方就低。全球变暖使得某个地区温度持续异常偏高，那么在周围某个地方温度就会下降，出现极端天气事件，但总的变暖趋势并没有改变。

（来源：期刊《Forumer》，2010）

28 全球变暖让洪灾更加泛滥

2012 年入夏以来，世界各地发生洪水灾害。7 月 6 日，俄罗斯克拉斯诺达尔边疆区因遭遇暴雨发生特大洪灾。洪水淹没了克雷姆斯克、格连吉克和新罗西斯克 3 个城市，以及克拉斯诺达尔边疆区一系列村庄的 5000 多间房屋。死亡人数达 171 人，共有 2.4 万人受灾。7 月 16 日，日本九州北部又遭遇特大暴雨，导致熊本、大分、福冈等县相继发生河流泛滥及山体滑坡，有 25 万人因暴雨和水灾而被迫疏散，造成至少 32 人死亡。7 月 18—24 日，朝鲜也发生水灾，造成 88 人丧生和 134 人受伤，暴雨毁坏了 5000 多间房屋，6 万人无家可归。

2012 年，联合国环境规划署发布《全球环境展望》报告显示，自 20 世纪 80 年代至 21 世纪初，全球洪灾数量增加了 230%，洪灾受灾人数增长了 114%。在短短的几十年时间里，洪灾数量和洪灾受灾人数就有如此巨大的增长，为全球不断努力减少洪灾造成的经济、人身损失提出了巨大的挑战。

气象学家发现，极端气候事件的发生与气候变暖的大背景密不可分，而人类的生产生活活动直接导致了近年来极端天气现象的不断增多，无论是厄尔尼诺现象还是拉尼娜现象，都与人类活动有着紧密的联系。全球气候变暖具有区域性变化特征，其中之一表现为北半球高纬度地区和中低纬度地区的升温率不同，由此带来了北半球高纬度和中纬度地区大气厚度（气压）变化的不同。这种南北方向的大气厚度（气压）差，影响了中高纬度地区的西风速度，使西风速度减慢，进而使影响中高纬度地区的天气系统移动减慢，为极端事件的产生提供了潜在条件。

（来源：中国天气网，2012）

29 全球变暖让台风更疯狂

2009年有8个台风登陆我国，除了影响较大的“莫拉克”之外，登陆广东台山的“巨爵”来势也十分凶猛，致使广东沿海出现狂风暴雨和风暴潮，珠江口出现20年一遇高潮水位，部分城市内涝严重，学校停课。广东省防总统计，受“巨爵”影响最严重的江门、阳江两市有69个镇106.3万人口受灾，直接经济总损失达6.55亿元。2010年汛期，台风给遭受暴雨之苦的南方城市雪上加霜。2012年8月有5个台风登陆我国，较常年同期平均的2个明显偏多。其中，双台风“苏拉”、“达维”在24小时内接连登陆我国，时间间隔不到10个小时，为有气象记录以来首次。双台风风雨影响尚未结束，台风“海葵”又在浙江登陆，7天内3个台风接连正面袭击我国，登陆频次创近17年来新高。2012年台风登陆时间之密集为历史罕见。

近10年来热带气旋的频繁活动与公元1000年前后的情况非常相似，目前正处于千年来的又一个热带气旋高发期，且全球变暖还可能进一步导致热带气旋活动增加。科学研究报告表明，大西洋上通常一年只有8场左右的飓风[1]，而在2005年出现了15场，包括给美国新奥尔良市带来巨大灾难的飓风“卡特里娜”。科学家说，虽然近年来飓风活动增加与千年一遇的飓风活动高峰有关，但全球变暖也起到了“推波助澜”的作用。许多研究都显示，热带气旋活动增加与海洋表层水温上升有关，因此如果全球持续变暖，飓风活动还可能进一步增加。

气候变化使得部分地区平均气温上升。以西北太平洋地区为例，近年来

1 飓风，是指大西洋和北太平洋东部地区形成的强大而深厚的热带气旋，其意义和台风类似，但产生地点不同。

海表温度有上升态势。气候变化使得西北太平洋地区的海水蒸发加速，热力效率增加，有利的环流条件也会让台风的能量变得比以往更强。总体而言，海洋上空的热力及环流条件十分有利于台风能量增强。据日本海洋与地球科技研究社研究小组最新预测，如果全球继续变暖，到2100年破坏性很大的强台风的频率或将增加10倍。虽然台风的总体数量在21世纪末将会减少25%，但在6—10月的同一段时间，强台风的发生频率却可能提高10倍。

南海和西太平洋是热带气旋的高发区，全球平均每年生成的82个中有28个在这里。一些热带气旋生成于海洋，也消失于海洋，但一些在东南亚地区登陆，其中7～10个甚至更多在我国东南沿海登陆。

虽然目前还未能明确气候变暖对台风生成数目和登陆个数的影响，但可以肯定的是，气候变暖使海温升高，水分蒸发增加，水蒸气凝结放出的热量给台风提供了更多能量，而且热带气旋能强烈搅动海面，形成的风暴潮与推高的海面相互叠加，往往使风力更强，海平面异常升高，临海区域潮水暴涨。

（来源：中国天气网，2012）

30 全球变暖让飓风更狂野

在过去100年间，大西洋飓风每年发生的次数翻了一番，原因归咎于全球气候变暖导致海水表面温度上升，使风向和形态发生了改变（John，2007）。2012年10月，飓风“桑迪”在美国新泽西州海岸登陆，裹挟着狂风骤雨重创了美国东海岸，也给部分地区带来了大雪天气。

由人类活动导致的全球变暖，正使海洋温度上升、洋面上空空气更加湿润，由此使海洋飓风更加强烈，其发生的规律也更难以捉摸。美国大气学家彼得·韦伯斯特研究发现，在三个时间段内，大西洋热带风暴和飓风每年的发生次数急剧增加，然后趋于平缓。从1905年至1930年，平均每年观测到6次大西洋风暴，其中4次飓风，2次热带风暴。从1931年至1940年，每年的风暴数上升至10次，其中5次是飓风。而从1995年至2005年，平均每年有15次风暴，其中8次是飓风，7次是热带风暴。2006年是普遍认为比较温和的年份，但也有10次风暴发生。值得注意的是，每次风暴数量上升前都会有海洋表面温度上升的现象。全球变暖导致海洋表面温度上升，海洋上空水蒸气含量增加，这两大长期趋势目前已不会逆转。最近10年中北大西洋海洋表面温度达到有记录以来的最高点，洋面空气中水蒸气浓度也增加了2%以上。

计算机模拟表示，表面海水升温会给气流运动提供更多能量，使飓风生成的强度增加，而水蒸气增加又使飓风中挟带更多雨水，飓风登陆后带来洪水暴发的危险性更大。

过去 100 年，北大西洋海洋表面温度上升了 1.3℃。科学家计算出，2/3 的温度上升是由于人类活动产生的温室气体效应所致。在 1930 年之前，温度上升了 0.7℃；而在 1995 年之前，海洋表面温度又上升了 0.6℃。海洋表面温度上升会导致大气风力场和循环状态发生改变，从而影响到风暴发生的频率。这些数字充分说明，气候变化是导致大西洋飓风增加的主要原因。科学家认为，今后极端强烈的飓风会更多地暴发和登陆。但是目前科学界对全球变暖如何影响飓风暴发的总次数及其运行路线还有争议，不同的数学模型有不同的预测。不过，全球变暖导致飓风的强度和它挟带的降雨增加，却是不需要宏观统计数据就能判断的事实。

（来源：《参考消息》，2012）

过去 100 年，由于全球变暖，飓风每年发生的次数翻了一番

（来源：National Geographic News）

31 亚太成气候移民热点区域

亚洲开发银行的《亚洲和太平洋地区气候变化与移民》报告称：亚太地区未来可能面临大规模“气候移民”问题。这份报告把一个原本并不为大众所熟悉的概念推到了前台——气候移民。气候移民，顾名思义就是由于气候变化及气候政策影响导致的人口迁移行为。

亚洲太平洋沿海地带是全球人口最稠密、气象灾害最高发的区域。联合国亚太经社委员会发布《2010年亚太灾害报告》数据显示：在1980—2009年间，亚太地区承受着全球自然灾害造成的85%的死亡人数和38%的经济损失，亚太地区易受自然灾害影响程度是非洲地区的4倍，是欧洲和北美地区的25倍。

世界银行、国际移民组织等国际机构预测了全球气候移民热点地区，其中包括东亚、南亚、东非、中非、中美洲等。而亚行则根据亚太地区的主要气候风险，预测了未来20～50年间亚太气候移民的热点地区有如下几类。

（1）沿海低洼地带。亚太地区容纳了全球低海拔沿海地区3/4的人口及全世界2/3的城市人口。沿海地区易受台风、洪水、海平面上升等气候风险的影响，是气候移民问题集中而高发的脆弱区域。至今亚洲人仍然难以忘记2004年12月26日，印度洋大海啸瞬间夺去了近20万人的生命，迫使40万人离开家园。

（2）河口三角洲。这些地区人口稠密，根据国际红十字会发布的《2008年世界灾害报告》，2007年亚洲共发生了15次受影响人数超过100万的自然灾害，其中中国的水灾影响了1亿人的生活，印度和孟加拉国水灾影响人数也分别超过1000万。2008年5月发生在缅甸的强热带风暴，致使全国近半数人口受灾，死亡人数近8万人。

（3）地势较低的太平洋小岛国。从20世纪90年代起，太平洋岛国论坛几乎每年都要讨论如何减缓海平面上升造成的威胁，进入21世纪一些岛国的沿海居民已经被迫搬迁。有报告称，图瓦卢有可能成为地球上第一个被海水淹没的国家。

（4）半干旱或不太湿润的中亚地区。内陆这些地方有10%～30%的人会成为潜在的移民。而且由于干旱及其导致的土地生产力退化破坏了赖以维持生计的资源基础，使得这一类迁移行为常常成为永久性的。

（来源：陈晨，2012）

32 南亚现自然灾难移民潮

2008年，“绿色和平”环保组织发表报告指出，21世纪末如果全球气候变暖趋势持续，所引发的海平面上升和水资源短缺将导致南亚1.25亿居民被迫迁移。

这份名为“蓝色警报——南亚气候移民”报告的作者是印度首席气候变化专家苏迪尔 · 拉加，他表示，如果温室气体按照目前的速度继续排放，南亚地区将出现移民潮，届时受影响的1.25亿人将主要是居住在印度和孟加拉沿海地区的居民。

拉加表示，迁移主要是由气候变化效应，包括海平面上升，以及水资源缺乏导致的干旱和季候风季节的改变等造成。

此前，联合国开发计划署也已经发出警告称，气候变化将对全球最贫穷的国家造成最大打击，包括增加疾病风险、破坏传统生活方式和导致大规模人口迁移。

“绿色和平”气候和能源专家韦努塔 · 哥佩尔发表声明表示：我们不能“坐以待毙”，希望到时我们能应付过去。

（来源：人民网，2008）

全球变暖引发的海平面上升和水资源短缺将导致南亚1.25亿居民被迫迁移（图片来源：汇图网）

33 气候移民可能突破两亿

全球变暖将使人们不得不离开原有的家园，并可能导致人类有史以来最大规模的人口迁移现象。据美联社报道，在对因气候变化而导致的移民数字的预测上，各项研究的结果各有不同。国际移民组织预测，到 2050 年将有约 2 亿人口因为环境压力而不得不进行迁移，甚至有些预测的数字则高达 7 亿人口。

联合国科学家可可 · 华纳说，对 23 个国家的 2000 多位移民进行了调查，结果十分清楚地传达了一个信息，环境压力已经成为人们迁移的主要原因，而且它将成为“未来的一个大趋势”。人类大规模逃离灾害区域或是逐渐躲避日益恶劣的环境的潜在可能性将有可能成为新全球变暖条约的一部分内容。目前的协议草案文本呼吁，各国在制定气候变化适应性方案时，应将可能的人口迁移因素考虑在内。

国际关怀组织和哥伦比亚大学的《寻找避难所：绘制气候变化导致人类迁移和重置的影响》报告中，研究者分别对大河三角洲居民、沙漠居民及岛国居民进行了研究。这些地区的居民分别会遭受到冰川融化、日益干旱及海平面上升的影响，甚至会因海平面上升而失去整个国家，报告说，如果海平面上升 2 米，就会有 40 个岛国全部或部分消失。例如，在印度洋中由 1200 个珊瑚环礁构成的马尔代夫已经计划放弃一些岛屿，并在另一些岛屿上建设防御工事。而且，该国已经很有可能要将所有 30 万人口迁移到另外的国家。

同时，喜马拉雅山脉融化的冰川易引发频繁的洪水，并危及恒河、湄公河、长江和黄河河谷。这些地区共有 14 亿人口，占印度、东南亚和中国将近 1/4 的人口。报告说，当季节性冰川径流不再流入这些河流中时，又会出现干旱。在墨西哥和中美洲，自 20 世纪 80 年代以来，干旱和飓风就已经导致人口迁移的现象发生，而且这种情况还会变得越来越糟糕。

（来源：人民网，2009）

34 岛屿国家担心被海水淹没

全球变暖促使海平面上涨，将有可能会导致世界 43 个小岛国家从地图上消失。面临危机的这 43 个国家包括了从太平洋到印度洋的低地环礁岛国，它们说应把地球气温限制在比工业革命之前高 1.5℃水平，而欧盟提出的目标是，全球气温比工业革命前高 2℃。43 个小岛国联合发表声明说："让地球气温比工业化之前升高 2℃，会给大洋中的小岛带来毁灭性灾难。"图瓦卢和基里巴斯等低地国家指出，气候变暖导致格陵兰和南极冰架融化，他们有被淹没的危险；马尔代夫的阿卜杜勒说，"我的国家正受到影响"，很多当地人的家早就遭水淹了；菲律宾代表米勒认为，气温升高 2℃，会使菲律宾 1/3 的国土消失；而且从孟加拉到美国的佛罗里达州，低洼沿海地区也会被上涨的海水吞噬掉。

为了对抗全球气候变暖，这些岛国呼吁制定更为严格的废气减排目标，这一目标应比联合国气候会议所考虑的更严苛。这些小岛国家要求，到 2020 年时，工业化国家排放的温室气体须比 1990 年的排放水平少 40% 以上，到 2050 年时减少 95%，这比工业化国家正考虑的目标要大得多。因为金融和经济危机，要更多地减少排放，现在也面临新困难。

欧盟正在努力的目标是，2020 年的废气排放量比 1990 年少 20%；美国现任总统奥巴马的目标则是，到 2020 年回到 1990 年的水平。联合国气候委员会说，21 世纪海洋会升高 18 ～ 59 厘米，未来几个世纪还会持续上升。但有些科学家说，研究显示到 2100 年海洋会升高 1.55 米，2300 年时升

全球变暖促使海平面上升，导致小岛国家从地图上"消失"（图片来源：汇图网）

高 1.5 ～ 3.5 米。德国科学家拉姆斯多夫指出：“海平面到 2100 年的时候平均上涨不到 1 米仍然是可能的，但是也不能排除比这还高的可能性。”他说，“如果北极冰层全部融化，全球的海平面将会上升 57 米”。

（来源：新加坡《联合早报》，2007）

35 全球一半区域因升温将无法居住？

澳大利亚科学家托尼 · 麦克迈克尔研究预言，用不了 300 年，一半的地球将会热得不适合人类居住。他认为，如果不采取行动，减少温室气体的排放，到 2300 年人类活动会令全球平均气温上升多达 10% ～ 12%。他说：“有关气候变化的问题，人们争论最多的是是否到 2100 年能成功让全球气温保持在相对比较安全的水平，只比现在的气温升高 2℃。但是到 2100 年气候变化并不会停止，据现在推测，到 2300 年全球平均气温有可能会增加 12℃，或者更多”。

麦克迈克尔表示，如果这种情况确实发生了，与我们现在担心的海平面上升、热浪和森林大火、生物多样性丧失和农业困难等问题都将显得无足轻重。他表示，这种气温上升趋势将对人类的生存产生很大威胁，因为目前地球上的可居地区，到那时至少会有一半变得温度太高，不再适合人类居住。

澳大利亚基思 · 迪尔说：“必须激起政府对全球气温上升给人类健康造成的影响的关注。”他表示，还有一种可能性是现有的气候模式低估了全球升温的速率。迪尔说，有关这个问题的科学权威机构，如联合国政府间气候变化专门委员会（IPCC），对预测未来全球升温及其造成的影响问题一直非常谨慎。他说：“在陈述对未来的预测时，政府间气候变化专门委员会非常保守谨慎，它选用委婉的语言，并尽量低估气候变化产生的影响。这一做法对科学体系比较合适，但是世界政府应实事求是地告诉公众，任意排放和极端的气候变化会给人类造成哪些潜在风险”。

（来源：大众网，2010）

36 气候移民难题堪比定时炸弹

太平洋岛国基里巴斯举国搬迁的消息引起媒体广泛关注。随着全球气候变暖和海平面上升，这个被称作“世界尽头”的地方正面临被淹没的威胁。为此，该国政府打算在邻国购置土地，准备在不得已时举国移民。除了基里巴斯之外，还有不少国家和地区也面临同样问题。

基里巴斯位于太平洋中西部，由33个岛屿和环礁组成，岛上拥有绿宝石般的海水和金黄色的沙滩，景色十分优美。然而国际气候报告显示，预计到21世纪中期，不断上升的海平面将会污染这里的淡水供应、毁坏农田、侵蚀海滩和村庄，迫使人们离开。目前，基里巴斯境内大约350万平方千米的珊瑚岛已经消失在海平面之下。而它仅有的811平方千米的国土平均海拔还不足两米，大多数岛民不得不居住在海拔稍高的首都塔拉瓦。为了国家未来的考虑，总统汤安诺表示，他正在与邻国斐济商讨，希望能够买下斐济瓦努阿莱岛上50平方千米的土地，给本国10万多居民寻求一个未来的安身之所。

难逃消失厄运的不仅是基里巴斯一个国家。近年来，由于全球气候变化的加剧而衍生出来的“气候移民”问题日益凸显，这也是许多低海拔和临海国家及地区共同面临的难题之一。有人预计，到2100年，全世界海平面可能会上升1米或更高，最少也不会低于0.5米，这直接威胁到许多岛屿国家。特别对那些位于太平洋赤道附近的小岛屿国家来说，很多地区海拔最高点只在海平面以上几米。随着飓风、海啸等一些极端天气日益频发，这些国家担心国土会被海水最终淹没，所以移民在所难免。其中最具代表性的是位于太平洋中部风景秀丽的岛国图瓦卢。近20年来，海岸逐渐退缩，小岛相继消失，很多由珊瑚岛形成的大海岛已经被海水侵蚀得千疮百孔，十分不利于人类生活。

“没准儿哪天早上一觉醒来，就会发现脚下的海岛已经被海水吞没了。所以还是尽早离开为好”。经过一番激烈的思想斗争，图瓦卢国民佩特罗决定举家搬到新西兰生活。事实上，佩特罗的情况在图瓦卢并非个例，由于害怕自己的家园消失在海水中，岛上的很多人开始陆续离开本国，有的去了美国，还有大约3000多人已经迁往新西兰等地。据国际气候变化委员会的最新报告预测，图瓦卢可能会在2100年之前完全消失。

气候变化引发的国际安全问题已经引起国际社会的广泛关注。联合国预计，到2020年将会出现气候移民的高潮。很多智库、政府机关和非政府组织已经做出报告探讨了气候移民与暴力冲突之间的直接关联。气候移民会使接收国家的人民失去部分本应属于他们的生存空间和生活资料，冲突也就会在所难免。移民还会引发一些其他问题，例如，一些人会失去收入，社会资产将会流失，边缘人群更加脆弱因而爆发严重冲突等。而与气候变化相关的食品安全问题、营养不良和疾病将会夺去很多生命，从而导致数以百万计的人们陷入贫困，而这也将会引发冲突甚至极端行为的发生。

（来源：网络《新浪博客》，2012）

37 中国历史上最大规模的生态移民

我国的贫困人口分布与生态环境脆弱区分布高度一致。我国有约 80% 的贫困人口居住在生态敏感地带，我国的贫困地区也多处在全球气候变化的重要影响区。气候变化使得许多靠天吃饭的地区生计难以为继，返贫率升高。西部地区，如陕西、甘肃、宁夏等地也正是贫困移民或外出打工最集中的地区。2011 年，陕西省展开了一场为期 10 年、规模远超三峡工程移民的大迁徙计划，预计耗资 1100 亿元。这次移民涉及 240 万人，主要是迁移受极端灾害和贫困双重困扰的陕南地区民众，被认为是新中国历史上最大规模的生态移民。

宁夏中南部的干旱山区，素有“苦瘠甲天下”之称，这里山高沟深，很多村落十年十旱，居民外出打工赚的钱很大一部分用来拉水吃。这一地区交通不便，既不适宜居住，更不适宜发展。从 20 世纪 80 年代开始，宁夏先后实施了多次“生态移民”工程，累计异地搬迁 66 万人。宁夏红寺堡是隐没在戈壁荒滩中的地区，十几年前，这里还是“一年一场风，从春刮到冬，天上无飞鸟，地上石乱跑”的荒漠。1999 年起，这里就逐渐成了目前国内最大的扶贫移民区。来自宁夏、陕西、甘肃等省区的 20 万移民在这里落地生根，他们建设了现代农业、新型工业，还完成人工造林 120 多万亩，把这里建成了“人工绿洲”。

气候问题不仅影响到中国的经济发展，对国人的生活水平同样有巨大的影响。青藏高原处于全球气候变化的敏感区，50 多年来，青藏高原气温显著上升，间接影响到整个亚洲季风区域变化，甚至可能形成愈来愈严重的“南涝北旱”。然而，即便是像红寺堡这样有“旱海明珠”之誉的移民新城，面临的最大难题依然是环境与气候。红寺堡所在的宁夏中部地区处于干旱风沙地带，生态脆弱；土壤含盐量高，水土流失依然严重；而地下水资源的匮乏，也让人们担忧供水能力不足以支撑城市发展……

事实上，放眼整个中国，环境与气候对国民经济的影响超乎一般人的想象。中国是世界上自然灾害最为严重的国家之一，异常气候频繁而且大面积地发生，已经成为中国社会经济未来发展的限制因素。我国 70% 以上的城市、50% 以上的人口分布在气象、地震和海洋等自然灾害严重的地区，仅 2008 年的南方雪灾就造成直接经济损失1500亿元。中国每年因气象灾害造成的经济损失是2000～3000亿元，占GDP的1%～3%。

（来源：中国低碳网，2011）

38 气候移民与国际合作

国际移民机构对“气候移民”问题给予了充分的关注。2010年发布的《国际移民报告》就专门探讨了气候变化对人口迁移的影响。不同类型的气候风险对移民方式的影响不同，应对策略应因地制宜。长时期持续的气候风险，如干旱导致的移民问题，常常与贫困联系在一起，需要与国际发展援助、地区资源开发和减贫目标协同考虑。而短期突发的气候灾害如台风、洪涝，则会考验一个国家的灾害应急管理能力。此外，移民政策的制定，还必须关注移民行为对于迁出地区和迁入地区的不同影响，综合考量社会心理、历史文化、经济发展、民族构成等多种因素。只有未雨绸缪，在国家、区域和国际层面建立有效的适应机制，才能尽量减小未来气候移民对全球可持续发展的不利影响。

国际社会在这方面的努力主要有两个方面，一是以《联合国气候变化框架公约》为主的公约内机制，一是国际机构、官方机构、非政府组织、私人部门等主体在公约以外通过各种途径采取的适应行动。目前，气候公约正在成为主导力量，2009年《联合国气候变化框架公约》波恩会议上，各国讨论了气候变化导致的移民问题，并探讨了可能的合作应对机制。

气候移民在政治、外交、社会经济发展和环境变化合作等各领域都可能对国际社会造成新的挑战。比如一些突发的气候灾害，一旦政府应对失当，就有可能引发短期的大规模移民潮，甚至造成国际难民，引发国内或国际的政治危机。在未来，显然需要各国在政治、外交和移民管理领域加强应对能力、完善相应的工作机制。第一，改进现有的国际法对于“难民”权利的规定，为环境难民和气候难民提供国际人道主义援助的机制。第二，完善现有的适应资金机制，帮助最不发达国家和将被淹没的小岛国率先解决贫困与生存移民问题。第三，加强地区间的双边与多边协作，促进发展与适应的协同。第四，在国际社会建立一套灵活应对的气候移民治理机制，包括建立地区主要气候灾害的历史信息库和数据共享平台，建立气候移民预测预警系统，建立相关的气候灾害保险体系，加强移民管理及国际交流等。

（来源：中国新能源网，2011）

第三章 动植物行为变化

气候变暖严重影响动物生活习性和植物生长发育。随着全球变暖，动物物种地理分布向两极和高海拔地区迁移，鸟类迁徙和产蛋等特有现象提前出现，北极熊、鹿、羊、海豹、企鹅等生活习性也发生改变，生活环境受到严重威胁。全球变暖使植物物种地理分布也向高纬度和高海拔地区迁移，树叶发芽、开花、结果等生长生理特性提前出现或推后。此外，气候变暖加速冻土退化严重破坏森林，海平面上升严重威胁红树林生长环境。

01 全球变暖将使地球回到恐龙时代末期

英国科学家克里斯 · 托马斯说，出现恐龙时代的温度，不仅二氧化碳量会达到 2400 万年来最高的水平，而且地球的平均温度也将比 1000 万年前的温度更高。如果发生这样的情况，地球上 10% ～ 99% 的物种就会面临着它们进化前最后存在的那种大气条件，结果就会有 10% ～ 50% 的物种灭绝。在英国科学联合会上托马斯宣称："我们也许已经到了大规模物种消失的浪潮边缘。"

科学家预测，到 2100 年地球的平均气温将升高 2 ～ 6℃，这主要是引发热量升高的二氧化碳过多地排放到大气中的结果。托马斯说："如果预测的最极端的气候变暖现象真的发生，我们将回到自恐龙时代以来就没有看到过的环境中。我们开始把这些事情纳入到历史的观点中研究，这样的气候条件数百万年来就没有出现过，所以现在生活在地球上的物种以前几乎没有面对过这种情况。"

科学观察发现，80% 的物种早就开始转移它们传统的生存范围以便适应正在变化的气候条件。托马斯说，生物生存环境与气候有着令人惊讶的联系，生物改变传统的生存范围是气候变化的明确信号。不仅仅是哺乳动物、鸟和昆虫开始对气候变化做出反应，有证据显示植被也开始转移。比如说，由气候引发的真菌爆发早就导致了地球上的两栖动物中超过1%已经消失。一些物种不仅找不到任何生存的空间，它们还要面对被迫迁入到它们领地的入侵物种的侵害。这样一来，不仅导致一些物种灭绝，而且还会出现以前不曾出现的物种混居现象，这种变化比以前要快得多。托马斯提醒说，在地质学上100年只是一瞬间。

（来源：网络《新浪科技》，2006）

02 全球变暖，昆虫将统治地球？

科学家指出，全球变暖将导致昆虫数量猛增，对于适应能力极强、繁殖速度极快的昆虫来说，它们可能成为地球新的主人。最新研究表明，全球变暖将导致世界范围内的昆虫数量猛增，这将给人类带来可怕的后果。例如，对于蟑螂来说，即便爆发世界性核战争，人类和其他动物在瞬间殒命，蟑螂却仍然能够生存下来。研究显示，生活在相对更加温暖地区的昆虫的繁殖速度要来得更快。因为在温暖的环境里，昆虫的新陈代谢和再生都变得更加频繁。

美国Melanie Frazier博士说，这种增长带来的不仅仅是昆虫的数量问题，随之而来的还有其他更加严重的问题。例如，当田地里的昆虫大量增加的时候，我们就不得不使用更加多的农药，这不仅使农业的投资增加，而且对我们人体的危害也在加大。

昆虫带来的疾病也是我们担心的一个问题，如疟疾、莱姆病及其他依赖昆虫传播的疾病，由于昆虫数量的增加，这些疾病也变得更易感染。科学家也注意到，在一些出现疟疾的地区被证实在先前从未被感染过这种疾病。科学家认为这种变化主要是因为气温的上升扩大了蚊子的栖息范围，温度的上升不仅使昆虫的数量增加，而且昆虫的繁殖速度也在加快。但目前我们还不清

全球变暖将可能导致适应能力极强、繁殖速度极快的昆虫成为地球新的主人（图片来源：汇图网）

楚哪些昆虫物种能够适应变暖的环境而存活，哪些不能够适应这种环境而灭绝。

（来源：中国网，2006）

03 全球变暖使蝴蝶数量下降

科学家认为，由于气候变化对班蝶的影响，在墨西哥和南加州，班蝶的数量减少了80%。班蝶不像知名蝴蝶种类王蝶一样，属于迁徙类蝴蝶，它们世代聚集在特定的地方，大小不超过几个足球场。这种蝴蝶一生所到达的地方不超过几百英尺[1]，如果气候变化影响生存环境，那么它们就会走向灭亡。

科学家证实，全球变暖已经影响着有些生物的活动行为。最近几年，美国生物学家帕梅森扩展了其研究的侧重点，她说："政府需要了解自然界所发生的一切，需要进一步扩展我们的研究。但是很少有生物学家致力于这一领域研究，与政府进行沟通。"为此，帕梅森做了大量的研究工作。她与经济学家格瑞 · 约艾合作，对1700种生物进行了研究，发现大约有52%的野生动物受到全球暖化的影响。例如，随着从北部向纬度更高的地方推移，动物繁衍和多种植物开花季节都会提前。

蝴蝶一生所到达的地方不超过几百英尺，气候变化影响生存环境，它们就会走向灭亡（图片来源：汇图网）

"很多生物都受到了影响，比很多生物学家所想象的还要普遍"，帕梅森提出了十分有力的数据证明了这个观点。帕梅森的最新研究区域集中在阿尔卑斯山和斯堪的纳维亚半岛，主要研究为什么有些蝴蝶比其他种类的蝴蝶对全球变暖更敏感。这一研究结果能帮助生物学家预

1　1英尺=0.3048米。

计在未来的100年内，哪些生物种类将对气候环境最敏感。

帕梅森表示："最新的研究清楚地证明在未来的一段时间将面临大规模的物种灭绝。我仍然希望我们能够减少温室气体排放，从而能使与此相关的工作能够取得预期的成果"。

（来源：网络《国际在线》，2011）

04 气候变暖使蝴蝶改变迁徙路线

全球变暖日益严重，有些生物已经开始面临灭绝的危险，美丽的英国蝴蝶就是其中一种。英国科学家表示，如果将这些蝴蝶迁徙到一个温度相对较低的栖息地，就可以改变它们濒临灭绝的命运，使它们能够幸存下来。

有翼类昆虫对气候的变化非常灵敏，但是他们有限的迁徙能力使得它们不能很快迁移到适于它们繁殖和生长的新栖息地。世界上有很多生物因为气候变化而迁徙，但是由于它们迁徙的速度过于缓慢，无法赶在气候变化之前到达新栖息地。

蝴蝶迁徙到一个温度相对较低的栖息地，可以改变它们濒临灭绝的命运（图片来源：汇图网）

科学家用计算机气候模型进行了模拟，如果他们帮助这些昆虫物种尽快到达较北边的栖息地，它们就有可能幸存下来。8年前，他们开始从野外捕捉蝴蝶，然后再将它们释放在适于它们生长的环境里。例如，他们将北约克郡的大理石条纹粉蝶和小弄蝶捕捉后放在一个舒适的笼子里，然后运送到达勒姆郡和诺森伯兰郡释放。结果证明，虽然蝴蝶们不能够靠自身的力量到达这些新的栖息地，但这些新栖息地却非常适合蝴蝶们的繁殖生长。

美国科学家布赖恩·亨特利说，"这次成功帮助蝴蝶迁徙，第一次证明了帮助物种迁徙到适应于它们生活的新领域，会在野生生物资源保护中扮演非常重要角色。对稀有物种和那些不容易自己迁徙的物种来说，它将起到尤为重要的作用”。

（来源：中国经济网，2009）

05 全球变暖使飞行最高的鸟类濒临灭绝

斑头雁被誉为“世界上飞得最高的鸟”，濒临灭绝（图片来源：汇图网）

斑头雁可以在8个小时之内飞越喜马拉雅山脉，被誉为“世界上飞得最高的鸟”。目前，全球斑头雁的数量仅不到7万只，已经属于濒危动物。长江源头沱沱河以西30千米的班德湖是斑头雁主要聚集地，每年都会有逾千只的斑头雁从印度等南亚国家飞到沱沱河繁育下一代。

近年来，随着气候变化和人类活动的影响，斑头雁在长江源地区的繁殖地面临严重威胁，种群数量急剧减少。为让世界上飞得最高的鸟类能在长江源地区繁衍，不再上演灭绝的悲剧，“绿色江河”等民间组织发起守护斑头雁的行动。同时“绿色江河”志愿者在全国10个城市同步开展大规模宣传，让更多的人加入到保护斑头雁的行动中来。

（来源：中国天气网，2012）

06 气候变暖推延南极海鸟繁殖期

在气候变化对北半球动物行为的影响研究方面有诸多报道，但人们对南半球所受到的影响却知之甚少。在北美和欧洲，随着北极圈气温升高，冰帽面积缩减，适应寒冷天气的动物正向北迁移。科学家们说，受全球气候变化的影响，南极企鹅和其他海鸟的筑巢和产卵期同50年前相比有所推迟。

法国科学家对1950—2004年间南极地区海鸟筑巢的数据分析后发现，有9种鸟类的筑巢期平均推迟了9天，产卵期也推迟了2天。这与北半球鸟类习性的改变正好相反。由于春天提前到来，鸟儿觅食的机会增多，北半球的鸟类迁徙和产卵的时间也相应提前。南极洲鸟类繁殖期的推延看起来与极地冰川有所关联。

科学家说，与南极洲西部不同，自1950年以来，东部南极洲没有出现过大的升温或者降温天气，但是全球变暖还是令东部冰域面积缩减了12%～20%。不过局部降温使得1970年以后每年的冰期增加了40天。作为大部分南极海鸟食物来源的磷虾及其他海洋有机物的减少也与这些变化有关。

科学家说，可能因为鸟儿需要更多的时间来储备繁殖所必需的食品，所以海鸟迟来并推迟了产卵期。这一变化显示，鸟儿的一系列繁殖前期准备，包括圈定领地、求爱直至雌鸟产卵，所需的时间压缩了7天，喻示鸟类的繁殖过程具有一定的弹性。

科学家警告，如果海鸟持续不能适应食物源的变化，冰川继续妨碍它们筑巢，同时它们又没有通过微进化或者行为改变来对气候变化做出适当的反应，那么这些海鸟将因此受到伤害。受到气候影响的9个海鸟种类分别为帝企鹅、巨鹱、阿德利企鹅、暴雪鹱、南极海燕、海角鹱、雪海燕、黄蹼洋海燕以及南极贼鸥。

（来源：人民网，2006）

07 气候变暖导致冬候鸟数量锐减

春天来临，摄影家常常在江苏无锡景点拍摄太平鸟。然而他们遗憾地发现，冬候鸟数量锐减，有些鸟类甚至全无踪影。太平鸟是冬候鸟，每年12月到次年3月在无锡出现，因为长得漂亮，而且稀有，吸引了不少摄影爱好者的镜头。不仅是太平鸟，摄影爱好者在找寻了各大鸟类出没地点后发现，往年曾露脸的戴菊也不见了踪影。

江苏野鸟协会的摄影家介绍，根据全国摄影爱好者的汇总情况看，不仅是无锡，全国都出现了冬候鸟数量锐减的情况，甚至可以用“鸟荒”来形容。他说，在无锡除了没发现戴菊外，不少常见候鸟的种类、数量近年来都减少。以鸫类为例，往年能看到灰背鸫等五六种，而近年来只看到了两三种，以往灰背鸫在无锡很容易被发现，但近年来只在太湖边看到几只。属于燕雀科的黄眉鹀、黄喉鹀、灰头鹀的数量近年来少得可怜。“北红尾鸲是候鸟迁徙的晴雨表，看到北红尾鸲就说明北方的鸟类开始迁徙了，近年来这种鸟也很少”，摄影家表示，北红尾鸲是候鸟迁徙的先头部队，北红尾鸲数量的减少也能反映出整个冬候鸟数量的锐减。

摄影家说，关于鸟类根据什么原理迁徙，目前科学界还没有准确的说法。根据野鸟协会分析，近年来候鸟来得少的主要原因是受气候的影响。如果天气冷得晚，引起冬候鸟迁徙时间也将延后。近年来北半球遇到极寒天气，鸟儿在栖息地因低温导致觅食、繁殖困难，造成数量锐减。

（来源：《江南晚报》，2012）

08 全球变暖，南极发现新物种

全球变暖导致南极的两大冰架先后坍塌，一个面积达 1 万平方千米的海床显露出来，在此考察的来自 14 个国家的科学家因此得以发现了很多未知的新物种。如类似章鱼、珊瑚和小虾的生物。

数千年来，南极威德尔海 10000 平方千米的海床被 100 米厚的 Larsen A 冰架和 Larsen B 冰架覆盖着。而最近几年里，这些冰架开始崩解，因此原来这块世界最原始的生态海域出现了许多新的物种。科学家把南极海床区域的生物共分类 1000 个物种，认为是全球持续升温导致南极冰架崩解，从而影响了海洋生物的生活环境。

（来源：新华网，2011）

海洋生物石笔海胆（图片来源：汇图网）

09 气候变暖使南极企鹅数量大大减少

2007年，世界自然基金会在印度尼西亚巴厘岛发布了《南极企鹅与气候变化》的报告。报告指出，气候变化使南极企鹅数量大大减少，因为冰层融化使企鹅们失去了抚养幼仔的场所，并减少了它们的食物来源。南极的升温速度超过全球平均水平的5倍，使一些企鹅如帝企鹅、帽带企鹅、金图企鹅及阿德利企鹅等处于危险境地。

（来源：网络《中国网》，2007）

冰层融化使南极企鹅失去了抚养幼仔的场所，减少了食物来源，使南极企鹅数量大大减少（图片来源：汇图网）

10 气候变暖影响南极王企鹅生存环境

南极王企鹅既是优秀的潜水员也是游泳健将，它们能潜入250多英里深的海底捕食鱿鱼和灯笼鱼。目前，南极王企鹅数量约有220万对，其中有一半生活在克罗泽群岛上。研究表明，海水升温使得栖息地附近的食物锐减，克罗泽群岛上的南极王企鹅觅食的范围越来越小。气候变化正严重威胁着这一物种的生存。

成年王企鹅身长 80 ～ 100 厘米，体重大约 12 ～ 14 千克，是企鹅家族中体型第二大的属种，仅次于帝企鹅。它们嘴巴细长，长相“绅士”，是南极企鹅中姿势最优雅、性情最温顺、外貌最漂亮的一种。此外，王企鹅外形特征十分明显，也是企鹅中色彩最鲜艳的一种，头上、喙、脖子呈鲜艳的橘色，且脖子下的橘色羽毛向下和向后延伸的面积较大。

（来源：网易探索，2009）

11 气候变化曾导致南极象海豹大量灭绝

在约 8000 年前的一次气候变化过程中，南极象海豹获得了一块新的栖息地，而约 1000 年前气候再次变化时，这一大型栖息地上的象海豹几乎完全灭绝。

象海豹是大型动物之一，雄性象海豹体重可达几千千克。象海豹可长时间生活在海洋中，但在换毛、繁殖等时期需要移至陆地。

英国科学家发布公报说，利用基因技术分析南极维多利亚沿岸的一些象海豹残余物，结果发现样本中的 DNA（脱氧核糖核酸）具有高度多样性，说明这一地区曾是一个相当大规模的象海豹栖息地。但现在这一地区并没有象海豹生存，最近的象海豹栖息地离这里足有 2500 千米。

科学家分析，这是因为约 8000 年前的一次气候变化使得南极冰盖缩小，形成了这块栖息地。由于环境良好、食物充足，象海豹很快迁徙到这里并形成一个大规模种群。但是，约 1000 年前，气候再次变化，冰盖“卷土重来”，除少数象海豹回到原有家园外，这一地区的大多数象海豹都随环境变化而灭绝了。气候变化对生物种群的影响深远，也为如何应对未来可能的气候变化提供了参考。

（来源：《科学时报》，2009）

12 气候变暖威胁北极熊生存

全球变暖已经日益威胁到生物的生存，北极熊就是最典型的受害者。小北极熊紧紧依偎在母亲身边，它们乘坐的浮冰已经远离陆地 20 千米。这幅画面再次向人们证明，全球变暖正在毁掉北极熊的世界。

浮冰上的北极熊母子（英国埃里克 · 莱弗朗科 / 拍摄）

2009 年 8 月，英国摄影师埃里克 · 莱弗朗科，在挪威北部斯瓦尔巴群岛上拍摄了下面这幅照片，当时的气温大约 5℃。埃里克推测说，这头北极熊母亲带着她大约 9 个月大的孩子外出捕食海豹时，爬到一块大浮冰上休息。但是这块浮冰却快速向挪威斯瓦尔巴特群岛的奥尔加海峡漂去，并且不断融化缩小，导致这对北极熊母子不断向中间退缩，表情看起来十分悲伤。

北极熊通常都是游泳健将，但是由于这块浮冰已经距离岸边 20 千米远，它们无力游上岸。当时一些考察人员想要将这对母子带上船，然后送到最近的陆地上，但没有成功。北极熊的最大威胁实际上是高温，高温将导致他们的体温上升，如果游泳过快，北极熊将会丧命。

（来源：新华网，2009）

13 北极熊适应气候变暖能力引发担忧

最新遗传学研究显示，北极熊的进化进程远远早于此前的设想，该发现进一步引发了人们对其能否适应全球变暖的忧虑。研究指出，北极熊从其近亲棕熊中分化出来的时间大约在 60 万年前，这比科学家们普遍认为的要提早 5 倍。北极熊花费了长时间来适应冰雪世界，而北极转暖和海冰融化剥夺了它们的狩猎平台，北极熊可能很难对此做出调整。

尽管从体型、皮肤和毛色、毛型、牙齿结构及行为方面来说，北极熊是一个非常独特的物种，但之前的研究认为，北极熊和棕熊直到最近才在进化过程中分道扬镳。这种假设是基于对线粒体世系（一只由母亲传递给后代的一小部分基因组）的研究所得出的。

德国生物学家弗兰克海拉尔表示，“之前研究表明，由于太年轻，北极熊

到 2015 年夏天，北极海域的冰块可能会完全融化，将会导致北极熊无栖身之地（图片来源：汇图网）

将不得不非常迅速地进化。需要给北极熊提供更多时间去适应环境，从进化的角度来看，北极熊需要更老才得以适应”。

气候记录表明，当时地球处于长期低温状态，正是地球的降温可能引发了这种物种分化。北极熊的适应可能是一个缓慢的过程。“如果北极熊在这一阶段的升温过程中灭绝，人类将不得不扪心自问，我们在这一进程中的作用是什么”，海拉尔说，“在此前的冰河期之间的升温阶段，北极熊存活了下来。而这一次的主要区别在于，人类也在影响北极熊”。

遗传学研究是研究北极熊进化史的重要工具，因为北极熊的生活和死亡通常都在海冰上，死亡后身体会沉入海底，化石非常稀少。

（来源：人民网，2012）

14 北极冰面消失，北极熊受灭绝威胁

英国海洋学家 Peter Wadhams 声称，依照北极周围海域的冰块如此迅速的融化速度，那么仅仅需要短短的 4 年时间，到 2015 年夏天，北极海域的冰块可能会完全融化，这将会导致北极熊等动物无栖身之所。

美国科学家 Wieslaw Maslowski 说，气候变化使得冰面迅速变薄，虽然我们现在还无法计算出它在以一种怎样的速度变薄，但可以肯定的是，不用多长时间，北极冰面将会荡然无存。由于 Maslowski 并没有给出冰面完全融化的具体时间，所以对于他提出的北极海冰“死亡漩涡”说法，很多人都持怀疑的态度，然而 Wadhams 说：“计算结论说服了我”。

Wadhams 说："Maslowski 的理论非常的极端，但是现在的计算结论确切地告诉了我们到 2015 年冰面将会变为零，我很相信它确实会发生"。他补充道："当然这些冰块在来年的冬天会回来，但那个夏天，可以想象会有更多的船只、石油勘测队伍涌入北极，这些因素都会影响到北极生物的生存。一个很明显的例子，北极熊的狩猎场将会消失，这很可能给它们造成灭顶之灾"。

（来源：每日电讯，2011）

15 气候变化促使北极哺乳动物同近亲杂交

生物学家曾指出，气候变化正在促使北极地区的哺乳动物同近亲杂交，这种趋向可能使北极熊和其他代表性的动物走向灭绝。美国科学家凯利说，"北冰洋冰层的迅速融化，已造成一些物种由于杂交繁殖和栖息地的消失而面临灭绝的危险。当这些物种越来越稀少时，它们相聚在一起易产生杂交，原先的稀有物种因此可能消失"。

凯利称，杂交本身并不一定是坏事，在生物进化方面还起到重要作用。但如果是由于人类活动造成的，而且是在短时间内出现的现象，有可能破坏生物多样性的存在。生物学家在 2006 年惊讶地发现了一头灰熊和一头北极熊杂交后所生的后代。他们也在一头被猎手打死的熊身上发现具有混合的 DNA。

凯利说，在阿拉斯加和俄罗斯之间的白令海发现了两种不同的鲸鱼交配，一头特大的北极露脊鲸和一头北太平洋的露脊鲸杂交。目前北太平洋露脊鲸只剩下不到 200 头，而北极露脊鲸的数量远远多，因而杂交可能使稀有的鲸鱼种灭绝。此外，不同种类的北极鼠海豚和海豹也产生了具有混合染色体的后代。

（来源：中国新闻网，2010）

16 全球变暖危及北极海洋哺乳动物生存

全球变暖引起的海洋冰层融化对北极熊和其他北极海洋哺乳动物来说，意味着灾难。海洋冰层将独特而又多样化的北极圈动物连成一体，为他们提供休养生息的场所。同时海洋冰层还影响着他们生存所必需的食物分布，是他们躲避外来侵略者的避难所。海洋冰层的融化对北极物种形成极大的威胁，如冠海豹的繁衍与海洋冰层紧密联系。

北极地区一直经历着剧烈的季节变换，而当地的海洋哺乳动物看起来很好地适应着这个变化多端的环境，他们在过去的几个暖期和降温期阶段都生存了下来。“但是，此次气候变化的频率和范围预计将使环境产生巨大的改变，从而使得它与过去几千年的环境有着巨大的差别。这对于那些北极海洋哺乳动物来说，不同于以往的挑战”，阿拉斯加鱼类学家苏 · 莫尔说道。

全球变暖引起的海洋冰层融化对北极海洋哺乳动物来说，意味着灾难（图片来源：汇图网）

气候变化将对海洋哺乳动物产生多重威胁。对于有些动物如北极熊，气候变化将不利于他们捕食，从而迫使他们寻找别的食物。科学家波迪尔 · 布卢姆和霍赫 · 德雷丁格指出，有些北极海洋哺乳动物能够适应食物供应的改变，而有一些由于他们独特的食物需求和捕食技术可能不能适应这种改变。在这种情况下，有些物种如海象和北极熊失去了优势，而白鲸等动物由于其饮食习惯，将可能获得更多的生存机会。

阿拉斯加动物病理学家凯瑟 · 布雷克认为，北极海洋哺乳动物捕食方式的改变将有可能导致动物体质的改变，甚至会潜在地影响他们的免疫系统。她指出，气候变化可能改变病菌传播方式和导致传染病的暴发，损害海洋哺乳动物的健康，甚至威胁到他们的生存。外在环境的变化，包括更恶劣天气的频频袭击，大气和海水温度的提高，也不利于北极海洋哺乳动物的健康。

气候变化的后果还混合着一系列的其他因素。冰层的融化将使北冰洋的轮船业、石油和天然气的开发探测、捕鱼业、旅游业和海岸开发进入一个新纪元。这一切将对海洋哺乳动物形成新的威胁，包括污染和对食物的激烈竞争。

（来源：人民网，2008）

17 气候变暖将威胁北极鲸鱼的生存

世界自然基金会发布报告称，全球变暖对鲸鱼的影响堪比其对北极熊的影响，他们的生存环境都在发生剧烈的变化。“现在我们还不确定鲸鱼会如何

全球变暖对鲸鱼的影响堪比其对北极熊的影响，他们的生存环境都在发生剧烈的变化（图片来源：汇图网）

在短期内适应气候变化的速率”。报告说，“随着气温升高，北极‘特色’物种将有可能大规模消失，而会有更多的温带物种向北极迁徙”。

北极地区的暖化速度要比地球其他地区快一倍，目前海冰面积已经比20世纪70年代缩减了14%，这对白鲸和独角鲸这样的鲸鱼物种造成了严重的威胁。这两种鲸鱼不仅主要依赖海冰周围生长的生物为食，而且在海冰周围的活动区域也十分有限。

“这两种鲸鱼简直就像机器人”。加拿大海洋生物学家克里斯丁·雷德尔说。她刚刚结束一次在格林兰的独角鲸研究旅行。“他们每年都去同一区域，而且年复一年从未改变”，她说。由于气候变化改变了很多东西，从海冰面积到春季解冻的时间，我们现在还不知道这些鲸鱼会如何应对这些变化。

“他们会随着海冰向北迁移吗？这是一个极具争议的问题”，雷德尔说。对于所有北方的动物来说，时间和地点的正确性都至关重要，鲸鱼也不例外。“他们一直很遵循自然系统的节律，而且会去发现新的自然节律”，雷德尔说，“如果季节时间有所变化的话，那么我们将会观察到相应的效果”。

报告指出，由于海洋暖化会使温带的鲸鱼北移，北极鲸鱼可能会面临更多的资源竞争。雷德尔说，目前还无法预测气候变化对北极鲸鱼的影响，因为我们目前对此了解的实在是太少了。

（来源：人民网，2010）

 气候变化或将导致北极麝牛灭绝

科学家研究发现，气候变化导致麝牛物种衰退的可能性较大，和现在陷入困境的北极熊一样，聚居于北极的麝牛可能受到同样来自气候变化的威胁。

多年以来，人类对于许多动物的灭绝都有不可推卸的责任，但是谈到麝牛这一大约在1.2万年前就开始种群衰退的北极哺乳动物，人类可能会摆脱这

一责难，因为至少在其衰退的初发时期是跟人类无关的。“我们发现，虽然许多人类居住的地区也是麝牛的活动区，但是人类也许不需为麝牛种群的衰退乃至最终的灭绝负责”，美国科学家贝丝 · 夏皮罗表示。

麝牛是一种健壮的偶蹄目动物，头部大，毛发厚，有弯曲的角。虽然他们看上去像牛，实际上跟山羊和绵羊的亲缘关系更近，因其雄性散发出强烈的麝香气味而得名。麝牛一般大约有 1.4 米高，重约 340 千克。这种哺乳动物曾经遍布整个北半球，但它们现在仅存活于格陵兰岛，数量在 8 万～ 12.5 万头。

麝牛只是在更新世末期（即 2.58 亿年前至 1.2 万年前）经历了衰退的几个物种之一，这一时期的显著标志就是环境的急速变化和人类步入新的发展阶段。猛犸和原始犀牛灭绝于这个时代末，而马、野牛和驯鹿则生存到了今天。

造成这些截然不同的生存模式的原因被广泛讨论，一些科学家声称，动物灭绝应主要归结于人类的狩猎。夏皮罗说，麝牛为这一讨论提供了一个独特的案例，因为他们的衰退期恰逢更新世的生物灭绝潮，但是它们仍然存活到了今天。

科学家首次使用原始麝牛的 DNA 来测试人类对麝牛种群的影响。研究结果表明，物种遗传多样性的增加和减少在过去的 6 万年里非常频繁，说明该物种的种群数量波动很大。似乎并没有证据显示人类的到来影响到了这种动物的遗传多样性。事实上，人类和麝牛同时到达并扩展了在格陵兰的领地。这些结果都表明，气候变化导致麝牛物种衰退的可能性较大。

（来源：人民网，2010）

19 气候变暖使北极蜘蛛生育能力提高

丹麦和德国科学家联合研究发现，受气候变暖的影响，北极“冰川豹蛛”的体形在近 10 年间逐渐增大。科学家说，在 1996—2005 年间对 5000 只北极“冰川豹蛛”进行测量后发现，这种蜘蛛的体形平均增大了 8%～ 10%。在这期间，由于受气候变暖影响，格陵兰岛最北端每年的解冻期平均提前了 20 ～ 25 天。

科学家指出，雄性和雌性“冰川豹蛛”的体形都出现了增大的现象。其中，雄蜘蛛因为长得更快而更早性成熟，雌蜘蛛则提高了繁殖能力。这表明由

气候变暖引起雄蜘蛛长得更快而更早性成熟，雌蜘蛛则提高了繁殖能力（图片来源：汇图网）

于气候变暖引起的“剧烈季节变化”对“冰川豹蛛”的生育能力产生了影响。

（来源：科技日报，2009）

20 气候变暖导致鱼类体积变小

法国科学家研究发现，受全球气候变暖影响，欧洲水域中鱼类的“块头”在几十年间缩小了一半。他们说，过去二三十年间，欧洲水域里各种鱼类的体积平均缩小了50%，小巧鱼类所占比例正在逐渐升高。

研究表明，水温升高对鱼群的迁徙和繁衍都会产生影响。通常情况下，在温度较高水域里生活的鱼类体积较小。科学家马丁·多弗雷纳说，虽然过度捕捞可导致鱼类个头变小，但这绝不是唯一原因，气候变暖也是原因之一。多弗雷纳特别提醒说，鱼类体积变小会对生态环境产生严重影响，如体积变小将使鱼类的产卵量下降，从而打破食物链和生态系统的平衡。

（来源：科技日报，2009）

21 气候变暖“惹祸”，毒蛙“背叛婚姻”

蛙类是一种古老的两栖动物，它们在导致恐龙灭绝的远古大变迁中幸存下来。能通过薄薄的皮肤吸收水分和呼吸，它们的皮肤必须保持湿润，所以蛙类对环境变化非常敏感，特别易受环境污染危害。但目前全球蛙类数量逐渐减少，有些物种已经消失。“拉尼托梅雅”蛙属于拉美地区特有的一种箭毒蛙，在秘鲁主要分布在其东北部的亚马孙地区。

几千年来，“拉尼托梅雅”蛙在当地蛙类动物中最忠于婚姻，然而由于气候变化，这种“家庭至上”的小动物开始“抛妻弃子”，在群居蛙类中“放纵”自己。

由于气候变化的影响，亚马孙丛林中的毒蛙开始“抛妻弃子”（图片来源：汇图网）

大多数蛙类动物配偶很多，但只有“拉尼托梅雅”蛙是“一夫一妻”制。这种毒蛙在水量充沛的池塘中只寻找一个配偶，母蛙一生中只产 1 ～ 2 枚卵。无论是公蛙还是母蛙，一旦交配生育就不会抛弃自己的家，这对“夫妇”会永远生活在一起，共同抚育后代。

秘鲁里卡多 · 帕尔马大学的维克多 · 莫拉莱斯教授经研究发现，由于气候日益变暖，当地适合蛙类生存的天然池塘水量逐渐减少，“拉尼托梅雅”蛙也随之改变了以往繁殖后代的习性，开始“抛妻弃子”，在群居蛙类中“放纵”地生活。科学家认为，这样做有助于这种蛙繁殖更多后代。

（来源：新华社，2010）

22 气候变化将导致大熊猫栖息地向西北迁移

2008 年 10 月在成都举行的“大熊猫危机——气候变化对大熊猫的影响”成果研讨会上，专家称，气候变化将导致大熊猫栖息地在未来 40 年内由东南向西北发展。

未来气候变化将使大熊猫适宜区由东南向西北发展（图片来源：汇图网）

世界自然基金会关于“气候变化对大熊猫栖息地的影响”研究结果表明，通过对 2020—2050 年大熊猫栖息地温度、降水变化的情景模拟，大熊猫栖息地在 2050 年前整体上温度降水变化表现出明显的西北—东南差异，西北部地区温度、降水增加明显。因此，未来气候变化将使大熊猫适宜区由东南向西北发展。

英国科学家 Jon Lovett 通过“生物—气候建模”方法对 17 种竹子进行研究发现，不同种类的竹子受气候变化的影响程度不同，一些物种会随气候变化减少，另一些却会增加，进而引起物种的再次调整，使情况变得更加复杂。大熊猫也因此受到影响。

（来源：中国新闻网，2008）

23 气候变暖让绵羊颜色越来越浅

过去 20 年来，苏格兰圣基尔达群岛寒冷多风的冬季正逐步转暖，不断升高的气温让岛上深色绵羊的数量逐渐减少，取而代之的是一群群毛色浅淡的绵羊。

1930 年，圣基尔达群岛最后一批定居者离开时留下了自己家养的绵羊，现在岛上的索艾羊就是这些家养绵羊遗留的野生品种。这种羊体形较小，能耐艰苦环境，大部分毛色都呈深棕色。如今这些羊似乎也成了气候变化的颜色指示器。最新分析结果显示，深色绵羊在种群中所占的比例从大约 80% 稳定缩减到了不足 70%。这一数量下降的趋势紧跟着温度变化的步伐——从 1985 年到 2005 年，冬季气温升高了 1.2℃。

科学家认为这一研究结果很奇特，因为深棕色索艾羊的体形应该进化得越来越大，体形大的动物才更容易在抢夺资源和繁殖后代的竞争中获胜；而深色的皮毛能吸收阳光，使它们在圣基尔达群岛刺骨的寒冷天气里能更好地保暖。“随着冬季气候变得越来越温和，体形较大、毛色较深的动物逐渐失去了生存优势”，澳大利亚科学家谢恩 · 马洛尼推断说，“如果是这样，深色绵羊的数量还将随地球变暖而持续下降”。

不过，对这个研究结论也有人持有不同意见。例如，英国科学家杰克 · 格兰特恩认为，深色绵羊数量的减少与它们的毛色无关。研究发现，即使毛色完全一样，只携带一个深色基因的绵羊比拥有两个深色基因的绵羊更容易存活。

（来源：人民网，2009）

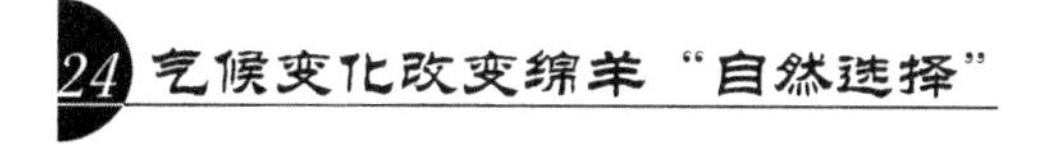

苏格兰附近岛屿上绵羊的体型在过去 20 年中越来越小，而这可能与气候

变化有着千丝万缕的联系。这种绵羊名叫索艾羊，生活在无人居住的苏格兰圣基达群岛上，是当地土生土长的种群。从1955年起，科学家们开始对其进行密切的研究。

苏格兰绵羊的体型在过去20年中越来越小，这可能与气候变化有着千丝万缕的联系（图片来源：汇图网）

研究发现，在过去20年中，索艾羊的平均尺寸正逐渐减小。具体原因还不得而知，但是这显然违背了“自然选择”原理，即动物体型的发展趋势总是越来越大。为了探索环境变化对“自然选择”产生的影响，英国科学家提摩太·库尔森及其同事对用于描述“自然选择”与物种种群数量关系的模型进行了修改，从而确定了影响绵羊体型的因素。

科学家发现，气候变暖是影响绵羊体型的主要因素之一。全球变暖使圣基达群岛的冬季缩短，因此，体型较小的索艾羊亦能够在严酷的寒冬中存活下来，从而导致索艾羊的平均个头呈现下降趋势。“绵羊死亡率的降低意味着环境越来越适合他们生存”。库尔森说道，“现在的冬季对索艾羊来说已经不像以往那样难熬了”。

（来源：人民网，2009）

25 气候变化致英国绵羊体型变小

气候的不断变暖，使得英国一种绵羊的体型越变越小。英国科学家说，在英国苏格兰的孤岛上，以前夏天绵羊都要靠多吃草来增加体重，这样才能渡过难熬的冬天，长期以来都是体型更大的绵羊更适宜生存。但是研究发现，过去24年来这种绵羊的体型平均缩小了5%。

由于这个岛孤立于海中，这期间并没有引入其他羊种，因此可以排除外来基因的影响。研究推断，这种绵羊体型变小的主要原因是气候变化。全球变暖使得冬季缩短，不再像以前那么难熬。另外，更温暖的气候也使得羊能吃到草的时间越来越长，这些都使得体型较小的羊也能更好地生存。

科学家说，在这个案例中气候变化的影响超过了自然选择的影响。这也提醒人类全球气候变化所造成的影响是多么广泛，未来在自然种群中发生各种变化的复杂性也会进一步增大。

（来源：新华网，2009）

26 湿地干涸威胁麋鹿生存

起源于200多万年前的麋鹿同大熊猫一样，是中国的特有物种，喜欢在水草肥美的湿地环境生存。湖北石首市位于江汉平原南苑，长江河道的多次摆动在这里形成了“九曲回肠”的故道，留下了以大片芦苇为基础的珍贵湿地生态系统，这里正是麋鹿生活的优良场所，我国在此设立了麋鹿国家自然保护区。

冬春夏连旱，致使保护区适宜野生麋鹿生活区域越来越少。干旱造成草场退化，牧草干枯、长势很差，麋鹿的天然食物减少。走进保护区，经过一片草地后，是一大片干涸而且枯白了的土地，远处的湿泥地里，几只麋鹿静静地站着，像顶着一棵树一样的雄鹿鹿角上缠着枯草、沾满烂泥。很明显，这片干掉的土地曾是一片水域。如今这里却滴水不见，岸边的植物枯黄而矮小。

冬春夏连旱，致使野生麋鹿生活区域越来越少
（图片来源：汇图网）

浅水塘没了，沉水植物、浅水植物这些麋鹿喜欢的食物也没了，取而代之的是苍耳、接骨草、天命精等旱生植物的疯长。麋鹿不仅不能食用，在里面乱窜的它们还将这些植物的种子带到更多的地方。

（来源：新华网，2011）

27 植物不喜欢气候变暖？

人们很难认为日益上升的海平面、日益增多的旱灾和野火以及缺乏的水资源供应、更加酸化的海水具有积极的作用。但是对于构成人类食物供应基础的植物来说，有一种说法认为全球暖化及温室气体增多可能并不是坏事。一般认为，二氧化碳毕竟对植物进行光合作用、获得营养具有至关重要的作用，同时由于冬天气候更加温和，时长更长，植物获得了更长的生长期。因此，拥有更多的食物以及更充足的时间去享受蔬菜，似乎十分不赖。

但是事实远比这复杂。“大自然中有着复杂、广阔而又强大的互动关系”，美国生态学家克里斯 · 菲尔德这样说道，“只根据单方面因素就下如此明确的结论，是十分冒险的”。

芬兰科学家分析了当植物生长期增长之后，北方森林对外部生存条件变化之后的反应。在现在的气候条件下，生长在欧洲最北部的松树及白桦树发育迟缓，一部分原因是相比南方的同类树种来说，它们每年的生长期要短得多，同时他们甚至自身形成一种物理机制来对抗严寒天气。“事实上，在霜降来临之前，它们已经停止了生长”。科学家表示，如果霜降期来得晚，松树和白桦树不能在一夜之间形成这种物理机制。“现在的森林不会在顷刻之间长高长粗，但是最终树木会对外界环境改变做出反应”。科学家解释，“但原则上这个适应过程需要很长的时间，树木进化的速度比气候变化的速度要慢”。这样一来，气候变化不会对树木带来任何害处。

事实上气候与植物之间存在着十分复杂的关系。比如在温室中进行模拟，当科学家将温室中二氧化碳含量加倍时，麦子和大豆植物从体型上会增长20%～40%，但是在真实生存条件下，一切远不止这么简单。

菲尔德表示，“这并不代表个头增长的植物就是你所希望的那种植物”，“松树生长得很快，但是毒常春藤生长得更快，受益更大。在我们所进行的实验中，对碳浓缩环境最敏感的是植物种子”。显然有足够的证据可以表明二氧化碳有利于植物生长，但是植物从中受益多少，却颇具争议。

莫斯科植物园（图片来源：作者 / 肖国举）

关于此，有一个原因就是在植物健康生长过程中，不仅取决于二氧化碳，同时也依赖于水和其他营养成分。只有二氧化碳增多，其他各种营养成分没有变化，那么植物形体可能会有所增加，但是相对来说，其他营养不足，意味着昆虫要吃掉多余的植物来保证整株植物的健康发育。

有实验分析了雨水和营养成分变化对植物的影响，发现“令人惊讶的是，当某一因素变化和整体因素都变化时，对植物的影响大有不同，由此可见各个因素之间有着复杂的互动关系”。

毋庸置疑，气候变化将给世界不同地方带来不同的影响。罗贝尔说：“在北方，植物生长期将会大大延长。”如果芬兰科学家的研究结果被证实可信，那么气候变化对森林会有影响，但可能会益于农作物生长，因为人们可以选择适合在夏天生长的农作物种子。但是在干旱的热带地区，植物生长将会受到水源短缺的限制，频频发生的旱灾有百害而无一利，而全球大部分地方，在气候上已经达到了植物生长所需要的温暖程度。

一般来说，植物会根据气候变化进行迁移，但是正如库帕里宁及其同事所指出的，这种迁移相比气候变化要慢得多。“总的来说，现在我们对植物的物理迁移机制知之甚少”，菲尔德表示，现在的预测都是建立在前人研究的基础上，但是我们自己所建立的生态模型还不适用于现代的人类主宰的环境。

菲尔德说，“我们已经进行了大量的研究，深入探讨了在气候变迁条件下植物将会如何应对”。但是还有很多未知元素等待他和其同仁去探索，这也意味着现今所下的任何关于气候变化对植物有利还是有害的简单结论都是十分不成熟的。

（来源：人民网，2010）

28 全球变暖令植物快速开花

气候变化加速了植物的开花速度，会给食物链和生态系统带来毁灭性的连锁效应（图片来源：汇图网）

地球上的生命离不开植物。它们是食物链的基础，利用光合作用把二氧化碳和水转化为糖。它们释放出的氧气是地球上几乎每一种有机体都需要的。

由于气候变化的影响，植物的开花速度正超出科学家的预想。这可能会给食物链和生态系统带来毁灭性的连锁效应。

美国科学家说，“预测气候变化会对物种造成何种影响是生态学的一个主要挑战”。研究的重点在植物，因为植物对气候变化作出的反应可能会影响食物链和生态系统服务，比如授粉、养分循环和水供应。

科学家通过对涵盖四大洲共 1634 个物种的植物生命周期研究发现，植物开花的速度相当于一些试验预测速度的 8.5 倍，而长叶的速度相当于预测速度的 4 倍。研究表明，这些试验低估了所有物种因温度上升而加快生长的进度，包括长叶和开花的进度。或许必须改变未来试验的设计，以更好地预测植物将如何对气候变化作出反应。

（来源：网络《新华国际》，2012）

29 气候变暖影响植物“排气”，全球越变越香

气候变暖使得植物将会排放香味十足的化学物质，这会使世界变得越来越香。这种芳香的化学物质称为植物挥发性有机化合物，它能改变植物间相

互作用以及使植物免受虫害。这种植物挥发性化合物是植物常规性地排放到大气中去的，但是植物排放这种化合物的程度取决于环境条件。

气候变暖使植物排放香味十足的化学物质，世界变得越来越香（图片来源：汇图网）

西班牙科学家何塞佩·纽埃拉斯和法国科学家迈克尔·施陶特就气候变化如何改变植物挥发性化合物的排放做了重要研究。研究显示，一般而言，全球气候变化对植物挥发性化合物产生重要影响。气温升高将导致植物排放更多的植物挥发性化合物，同时延长了许多物种的生长季节，这也增加了植物挥发性化合物的产生。

纽埃拉斯说，芳香指数在过去 30 年里增加了 10%，在未来几十年内预计气温每增加 2 ～ 3℃，那么芳香指数可能增加 30% ～ 40%。

（来源：环球网，2010）

30 植物“呼吸”可减缓全球变暖

植物在全球变暖环境下吸收二氧化碳并因此减缓变暖效应的能力超出原有认识，因此一些预测全球变暖的气候模型可能需要随之修正。

植物在全球变暖环境下吸收二氧化碳并因此具有减缓变暖的能力（图片来源：汇图网）

科学家在英国帝国理工学院的实验中利用密闭容器来栽种植物，并人工控制其环境，使空气中二氧化碳的浓度像现有的气候变化模型所预测那样逐步增长，容器中的温度也相应逐渐变暖。结果发现，在这一过程中，植物吸收的二氧化碳量比原本认为的要多。科学家估算，这相当于减缓了 2.3℃的气温增幅。

目前对于全球变暖与地球生态系

统间互相影响的问题，科学家们所持的观点并不相同。有人认为气温上升会促使某些土壤释放二氧化碳，从而加重全球变暖；也有人认为温度上升后植物会加速生长，从而减缓全球变暖。

进行这项研究的亚历山德鲁 · 米尔库说，采用密闭环境实验可以较好地模拟地球情况，从而有助于预测全球变暖的前景。不过，英国科学家说，对整个地球而言，植物吸收二氧化碳的能力可能还达不到减缓 2.3℃气温升幅的效果。因为在这个小实验装置中为植物提供了充足的水和养分，但在真实生态环境中，植物会受到这些因素的限制。

尽管如此，科学家还是认为，这项研究结果足以提醒气候变化研究者对相关预测模型要作出修正。

（来源：《文汇报》，2012）

31 气候变化打破法国葡萄糖度与酸度平衡

世界上越来越多的人加入红酒的品评及收藏行列，世界各地顶级的葡萄酒源源流入欣赏者手中，葡萄酒文化也渗透到各个阶层。

多位法国著名的酿酒师给法国总统萨科齐写了一封联名公开信，“请立即对气候变化采取行动，保护法国的文化，至少让我们的葡萄存活下去吧”。

葡萄酒无疑是法国文化的象征。那里有着令许多国家羡慕的适宜葡萄种植的气候。然而很快，这一得天独厚的条件将不复存在。气候变化正在打破法国葡萄糖度和酸度的平衡：气温过低导致葡萄会加深酒的酸味，太热又会增加含糖量。显然，全球变暖正在给浪漫的法国葡萄酒添上一种新的味道。

（来源：网络《酒之园》，2011）

全球变暖给浪漫的法国葡萄酒添上一种新的味道（图片来源：汇图网）

32 全球变暖致古巴岛部分珊瑚白化

古巴生物学家费尔南德斯说，尽管目前古巴岛周围石珊瑚“变白”的范围还比较小，但这可能是2005年以来全球变暖导致海水温度升高的结果。他还指出，其他因素也会导致这种现象，如海水含盐量的变化等，但目前还没有这方面的确凿证据。

珊瑚的美丽颜色来自于其体内与之共生的海藻。如果共生藻离开或死亡，珊瑚就会“变白”，出现白化现象，并最终失去营养供应而死亡。研究显示，气候变化导致海水温度升高，污染使得海水浑浊、对阳光的透射能力下降，影响共生藻的生存，从而导致珊瑚白化。

珊瑚礁有“海底热带雨林”之称，它生长在浅海区即红树林和深海之间。研究海洋的科学家不会忘记1998年爆发的全球性空前严重的珊瑚礁白化死亡事件。原先在海底呈现美妙景观的珊瑚礁，有16%变得如同月球表面般荒瘠，这种损失超过历年人类活动造成的损失总和。至今仍有约一半珊瑚礁未得到恢复。联合国政府间气候变化专门委员会第四次气候变化评估报告预计，21世纪末，全球气温升高导致依赖珊瑚礁生存的超过1/4的已知海洋鱼类会因失去食物来源和产卵、孵化、避难的场所而走向濒危。

（来源：新华社，2010）

33 海藻类植物或将成为重要碳汇

目前，各国都在采取各种行动来减缓和适应全球气候变化。其中，提高能效、发展可再生能源、碳捕捉与储存和植树造林等行动是各国政府考虑的首要措施。而占全球一半光合作用的海洋生态系统在很长一段时间却一直被忽略。因此科学家开始关注用海藻类植物应对气候变化。

实际上，人们使用海藻类植物的历史很长。在亚洲，海藻可以用来做汤、寿司、凉拌菜、炒菜等各种食品。目前，每年全球收获800万吨海藻和水藻。中国、日本、韩国、朝鲜、印度和菲律宾等亚洲国家长期采集和种植藻类植物。整个亚太地区的海藻生产占到全球的80%。

现在，一些科学家开始认识到海藻类植物不仅仅是食品，还是应对气候变化的重要工具。每年释放到大气中的二氧化碳约有80亿吨，其中陆地生态系统约吸收20亿吨，海洋生态系统约吸收12亿～28亿吨。因此，处理好海藻类植物的种植与应对气候变化之间的关系非常重要。总体上，可以从以下三个方面来理解海藻类植物在应对气候变化中的作用。

第一，海藻类植物可以成为重要的碳汇。海藻类植物本身是碳载体，通过一定规模的保有量，可以固化空气中的碳。尽管海藻类植物的生长周期很短，在生长期会净吸收碳，在死亡腐烂后，碳又回到大气中，但可以在一定水域内长期保持一定的规模，像森林一样作为长期的碳汇存在。并且，海藻类植物在种植空间、生长速度和吸收二氧化碳方面与陆地植物相比有很大的优势。全球50%的光合作用发生在海洋。一些藻类植物的二氧化碳吸收量是陆地植物的5倍。一些海藻可以在3个月内长到9～12英尺。3.5吨藻类植物可以吸收1.27吨碳、0.22吨氮和0.03吨磷。

第二，海藻类植物可以成为重要的生物能源来源。海藻类植物作为第三代生物能源原料，受到欧美国家广泛重视。海藻类植物用于制造生物能源材料，是一种碳中和能源，不产生额外的温室气体排放，属于清洁能源。这些生物能源对化石能源的广泛替代，将大大减少温室气体的排放。海洋植被具有多产的特性，每平方米水域内可以生长16～65千克大型褐藻，而相同面积的陆地区域只能产出8～18千克甘蔗。这种多产的特性和不受面积限制的特点使海藻类植物可以大量用来生产生物能源。

第三，海藻类植物可以为全球粮食供应作出重要贡献。尽管全球做出种种努力，温度上升恐怕还是不可避免。全球各国都在作适应气候变化的准备。其中，粮食问题最为关键。从全球来看，温度上升，粮食会大幅度减产。通过发展海藻类植物，一方面可以节省陆地的保持植被的空间，有更多的土地种植粮食，而不是种植生物能源原料或作为像植树造林那样的碳汇，长期占用土地。另一方面，海藻类植物可以进一步开发成各种食物，一定程度上解决粮食问题。因此，海藻类植被不但是碳汇，还可以作为食物、饲料、能源和药材。

（来源：报刊《科学时报》，2009）

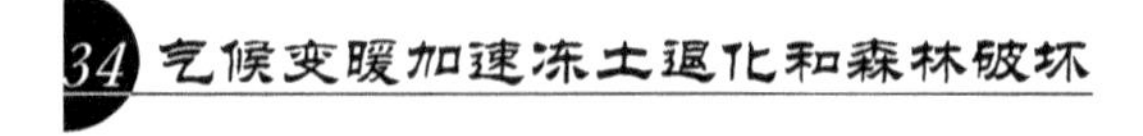

34 气候变暖加速冻土退化和森林破坏

我国东北冻土区因受气候变暖和人为活动的影响，近几十年来冻土退化显著，尤其以大兴安岭区多年冻土退化最为显著，主要表现为多年冻土上限下降、温度升高、厚度减薄、融化区扩大，以及多年冻土岛消失及多年冻土南界北移等几个方面。科学家认为，多年冻土退化的主要自然原因归结于气候变暖，特别是冬季变暖、降水（雪）时间变化等气候变化因素，加之城镇化、重大工程建设等人类活动也对该区冻土和环境产生了深刻影响，导致了多年冻土的快速、显著和大规模退化。

我国东北部的多年冻土主要分布在大小兴安岭一带，它是欧亚大陆多年冻土的最南突出地带，属于中高纬型多年冻土。在各种地质地理因素的影响下，该区多年冻土已经形成以谷地为中心，具有地温低、冻土厚度最大及分布面积广泛的基本特征。它既不同于西伯利亚和北美的多年冻土，也和我国西部高原多年冻土有着本质区别。该区内冻土分布受大小兴安岭山脉走向控制及海拔和纬度地带性叠加的影响，冻土层年平均地温自北而南升高，同时由于山区冬季逆温层的存在以及山间洼地、沟谷阶地的苔藓和沼泽湿地的泥炭层等综合作用，在同一局部地段内低洼处多年冻土和地下冰最发育、地温最低、多年冻土层最厚。

20 世纪 80 年代以来，气候变暖及大兴安岭多年冻土区的人为活动不断增加等，加速了多年冻土退化的进程。首先，该地区冻土南界北移，总面积减小。其冻土南界已显著北移，幅度可达 50 ～ 120 千米，大小兴安岭多年冻土总面积减少了约 35%。其次，活动层加深、局地冻土岛消失。研究发现，在加格达奇附近，1964 年修建铁路时发现有冻土岛，当时的冻土上限是 1.7 米，1974 年钻探发现路堤下的冻土已经消失。大兴安岭地区 1986—2000 年观测

冻土退化，使地表植物可利用水分大为减少，导致植物枯死（图片来源：汇图网）

资料表明，冻融深度逐年增加，观测区阴坡下部融深增加 25 厘米，阳坡下部融深增加 85 厘米，湿地下伏冻土融化深度增加 66 厘米，年平均浅层土壤温度由 1.6℃增至 2.6℃。第三，冻土温度升高、厚度减薄、稳定性降低。人为活动频繁的地段对冻土环境的破坏极为严重，导致局部地段冻土地温升高相当明显，退化强度加大。在人为活动强烈的地区，冻土底板上升了 1 ～ 5 米，与 100 年前相比，在东北地区现代多年冻土区内，融区范围在扩大，季节融化层底面平均温度近 10 年来增高了 1℃以上。在季节冻土区，近 40 年来季节冻结层的 67% 平均温度在上升，升幅可达 0.6 ～ 1.4℃。气温升高也是大小兴安岭地区多年冻土区域性退化的主要原因。

冻土退化使地表植物可利用水分大为减少，导致短根系植物枯死、生物多样性种群变异、植物退化、荒漠化趋势增强、可利用草地面积减少等生态环境问题。此外，还可能引发融冻泥流等地质灾害，威胁交通安全。面对全球气候变暖，应采取积极有效的措施防止我国东北地区冻土继续退化。

（来源：《科学时报》，2010）

35 北极地区树木生长线呈现北移趋势

由于气候变化，到 2100 年北极地区的树木生长区域可能向北延伸 500 千米，现在地处苔原冻土带的不毛之地届时很可能成为野生生物的繁衍盛行之

俄罗斯森林（图片来源：作者 / 肖国举）

地。由于积雪、冰盖及永久冻土带的加速融化，以前远在南方生存的一些物种，如松树还有狐狸都很可能向北迁移。

北极植物与动物保护协会主席埃法尔 · 皮特森说，“情况的变化似乎比我们10年前预测的要更快一些”。他还说，“估计到2100年，北极地区的树木生长线将向北扩展500千米”。

如果这种预测成为现实，那么从西伯利亚直至加拿大的半数冻土带都将会融化。皮特森还说，树木向北方的延伸将尤为迅速。在有些地方，以往生长在南方的常绿灌木将取代现在冻土带上典型的草甸、苔藓地衣等植被。

北极地区的变暖趋势比地球上其他地方要快两倍左右，当其导致冰雪带后退，就会将颜色更深的土壤或者水体暴露在外，而它们会比冰雪吸收更多的太阳辐射热量。

（来源：人民网，2011）

36 全球变暖导致北极苔原带出现森林

有观测显示，北极苔原带的生态系统正因全球变暖而变化，一些地方已经出现森林，这种变化可能会进一步加剧全球变暖。

英国和芬兰科学家们说，他们调查了从俄罗斯西伯利亚到芬兰的大片北极苔原带现状，对卫星图像的分析显示，在过去三四十年间，由于全球变暖，苔原带的一些地区已经长出了高大的树木，局部形成了森林。这些地方因为靠近北极而气候寒冷，以前通常只有苔藓等植物生长。

科学家指出，虽然这次观测区域只占整个北极苔原带的一部分，该地区独特的地理条件也使得当地气温比北极其他地方要高，但是如果全球持续变暖，被观测到的上述变化很可能扩展到整个北极苔原带。

科学家说，植被的变化会进一步对北极苔原带的气候造成影响，过去苔藓类植物容

北极苔原带的生态系统正因全球变暖而变化，一些地方已经出现森林，这种变化可能会进一步加剧全球变暖（图片来源：汇图网）

易被冰雪覆盖，苔原带因此会反射较多的阳光。但出现森林后，成片的树木会形成深色地表形态，吸收更多的太阳热量，加剧当地的气候变化。有研究预测，北极苔原带出现森林会使当地气温到21世纪末额外上升1～2℃。

（来源：新华网，2012）

37 海水温度上升并不会导致珊瑚灭绝？

科学界普遍认为，“海水升温会使珊瑚面临灭绝的风险”。但最新研究认为，“随着全球气候变暖、海水温度升高，有一些珊瑚会死亡，但还有许多珊瑚可以逐步适应新的海温、新的环境而获得新生”。全球气候变化情况下，科学家对珊瑚生长影响的调查得出结论，大堡礁的珊瑚不会灭绝，在珊瑚的家族中，仍是适者生存。

澳大利亚科学家休斯说，在海水升温和酸性增加过程中，有的珊瑚难以生存，但有的珊瑚能够生存下来。所以，不是所有的珊瑚物种都不适应，有很多珊瑚生机勃勃。科学家对大堡礁沿线33个礁体的超过35000个珊瑚群进行了勘察，了解珊瑚在海水温度上升情况下的变化情况。

大堡礁是世界著名的自然遗产，是400种珊瑚和1500种鱼类生存的家园。目前，大堡礁的生态环境状况引起联合国和国际海洋生物界的关注，一方面是全球气候变化的原因，另一方面是采矿业发展和农药对海水的影响。

（来源：报刊《中新社》，2012）

色彩亮丽的红珊瑚
（图片来源：汇图网）

38 海洋浮游植物递减加速全球变暖

海洋浮游植物的数量在过去30年里一直在减少。由人造卫星拍摄的图像显示，叶绿素帮助浮游植物进行光合作用的一种绿色色素的浓度正在下降。然而由于人造卫星仅仅从20世纪70年代末期开始采集数据，因此科学家无法确定这种下降是一种长期趋势抑或仅仅是一个意外。

为了获得浮游植物数量的更为全面的记录，加拿大科学家Boris Worm和同事研究了古老的航海记录。当时，海员们利用一种名为沙奇盘的工具来测量海水的透明度。他们虽然并没有设法测量浮游植物，但却在无意中做到了，这是因为叶绿素是遮蔽海水的主要物质。

Worm和同事统计了来自全球各地的几十万份测量数据，在对人造卫星数据、早期航海记录，以及20世纪50年代之后对叶绿素进行的直接测量结果进行梳理后，他们发现近些年的海洋浮游植物数量下降并非是一个偶然现象。一个多世纪以来，这一现象出现在全球大部分海域。平均来说，从1900年开始全世界每年损失的浮游植物达1%。在全球各大海区中，浮游植物数量下降最为明显的是大西洋南部和北冰洋部分海域。

美国海洋学家Paul Falkowski指出，“如果你在一个多世纪的时间里以复利计算利息，那将是一个非常巨大、非常巨大的下降”。事实上，Worm的研究小组估计从20世纪50年代开始，浮游植物的数量垂直下降了40%。

科学家指出，海洋上层浮游植物数量下降与全球变暖导致的海洋表层温度上升有关。在过去一个世纪里，大部分海洋的表层海水温度上升了0.5～1.0℃，导致海水分层现象更为明显，限制了下层海水中的营养成分进入上层海水，从而危及上层海水中的浮游植物生存。

Worm表示，浮游植物的数量在那些温暖的海域可能下降得更为明显，意味着气候变化对海洋浮游植物的减少负有责任。浮游植物的丧失对于海洋食物链来说是一个巨大问题，这是因为海洋中的每一种生物要么以浮游植物为食，要么就以把浮游植物当食物的生物为食。一旦它们的数量开始下降，那么这些物种的种群数量也将开始下降。

澳大利亚海洋学家Anthony Richardson说，更让人不寒而栗的是浮游植物减少对地球大气构成的潜在影响。海洋能够吸收40%的人类排放的二氧化碳气体。而浮游植物能够将这些温室气体转化为氧气，抑或在死后将它们埋葬于海底。Richardson 指出，一旦浮游植物数量下降，“海洋作为一个碳接收器的能力也会削弱，而这意味着最终会有更多的二氧化碳滞留在大气中，而不是溶解在海洋中”。这将催生一个更加温暖的世界，反过来又将消灭更多的浮游植物。

Worm 说，由于浮游植物减少可能对海洋食物链和全球生态系统造成严重影响，这一令人担忧的下降趋势必须得到足够重视。

（来源：《科学时报》，2010）

39 海平面上升，红树林面临威胁

海平面加速上升，对于热带和亚热带地区特有的红树林面临着威胁。红树林和珊瑚礁共同构成了我国华南最广泛的生物海岸，也是对海平面变化最敏感的生态系统之一。红树林素有“海岸卫士”的美誉。海陆相连的潮滩盐土中，鲜有其他植物立足，但有着红褐色的树皮和木材、绿色革质叶子的红树却盘根错节、枝繁叶茂，构成一道抗风防浪的保护带。涨潮时，它们被海水淹没，或者仅仅露出绿色的树冠，仿佛在海面上撑起一片绿伞。潮水退去，又是一片郁郁葱葱的森林。

红树林有着奇妙的“胎生现象”和复杂的地面地下两种根系，它的种子在还没离开母体时就已孕育成胚轴，出生后几个小时就能扎出新植株，甚至能随风飘过海洋在几千千米外的海岸扎根。它强大的生命力还表现在，被淹时用呼吸根伸出水面呼吸，平时尤其大潮时，地下的支柱根能极力抓取淤泥形成沉积地，其丰厚的凋落物供应泥炭和淤泥中的有机质，为鱼虾蟹和候鸟提供栖息、觅食之所。

海平面加速上升，热带和亚热带区红树林面临威胁（图片来源：汇图网）

因此，当红树林的潮滩沉积速率大于海平面上升速率时，红树林生长带就能保持稳定甚至向海推进，一年能淤积潮滩几毫米或几厘米，还能抵消海平面上升增加浸淹强度的负面影响。但红树林又对生长环境十分敏感，受潮汐浸淹频率、波浪能量、温度、盐度和沉积物等影响，一旦海平面上升侵蚀了潮滩盐土环境，或者其促淤的速度慢于海平面上升的速度，红树林就会向陆迁移，变得渐低渐疏。当后方有陡崖或海堤时，无路可退的红树林湿地资源就会消失。

过去二三十年中，加勒比海一带的红树林退化率一度达 42%。历史上我国红树林面积曾达 25 万公顷，但经过人为砍伐和退化等原因，目前仅存 2 万多公顷，不到世界红树林总面积的 1%，在主要分布区海南、广西和广东，占相应海岸滩涂总面积不足一成。随着海平面上升速率的进一步加大，到 2030 年，红树林构建的海岸生态将由净收入转为净损失，趋于脆弱，海水也将向陆地侵蚀，岸线被迫内移。

（来源：新华社，2006）

第四章 冰川融化与海洋危害

近百年来，南北两极生态系统已经发生了明显变化，如冰川消融加速，海冰融化明显，积雪面积缩小，冻土融化深度增加，山区岩崩增多。随着全球变暖，海平面上升，海洋酸化、海水含盐量降低、海洋灾害频发。近年来，南北极及附近地区降雨和降雪量大幅度增加，降水落进海洋，同样也导致海洋生态系统发生改变。如何应对全球气候变化对海洋的影响显得非常迫切。

01 北极在全球气候变化中的意义

20世纪90年代，美国在北冰洋海底进行科学考察，使北冰洋研究出现了一个新纪元。这项研究成果及其最新研究资料证明，北冰洋正在变暖，而且将对北半球气候变化产生巨大的影响。最近20年来，北极地区的气候正在变暖，据挪威研究资料，1978年以来北冰洋水面的海冰面积大约缩小了6%，海冰的平均厚度在20世纪50年代为3.1米，而2000年仅为1.8米，减小了42%。最近，大西洋流入北冰洋的较暖海水比过去增长了20%，北冰洋水温已比10年前升高1.6℃，北冰洋东缘与大西洋隔离的冷水层现在已变薄，有些地方已经消失。

近年来，阿拉斯加的永冻层开始融化，造成了较大的环境灾害和社会问题，使公路开裂，电线倾斜，房屋下沉0.6～0.9米。加拿大北部海岸过去因永冻层冰冻坚硬，因而不受波浪侵蚀破坏。现因永冻层融化，海岸土层已受波浪侵蚀，坍塌入海中，当地土著人在沿海所建村落也随之塌入海中。土著人在永冻层中开挖的食品储藏室，也因永冻层融化，失去了功用。

由于全球气候系统是由极地与热带间的温度差异驱动的；热带吸收的热量约有1/2由洋流输送到两极。如北极继续变暖，北冰洋的海冰将会全部消失，那时，北半球气候就将完全改变。因为海冰能反射掉大部分的太阳能，而海水则吸收90%的太阳能，因此，如果北冰洋的海冰面积继续缩小，北冰洋将吸收越来越多的太阳热量，这将促使北冰洋的海冰加快融化，使北极变暖，更快和更强烈地影响北半球的气候。一个地区的气候主要受洋流强度和方向的影响，北冰洋海冰加速融化，大量冷水流入大西洋和北太平洋，将大大改变这两个海洋的洋流。计算机气候模型的研究也发现，在气候模型中，如果撤去北冰洋的海冰，北半球的洋流将改变方向。

北极的变暖对北大西洋的影响最为显著。现在北大西洋的垂直环流系统是：表层水变冷，密度增大而下沉，驱动含营养盐类较丰富的底层水上升。如果北冰洋海冰全部融化，大量淡水流入北大西洋，就会导致在密度较大的北大西洋海水之上形成一个淡水层，破坏海洋的垂直环流，并使墨西哥湾暖流的较暖海水停止北流，或流量减弱，这将使西北欧的气温大大降低，形成一个寒冷时期。这种情况在最近地质史上就曾经发生过。大约在距今12000年前（即最后一次冰期终止时），北半球气候变暖，北美冰川大量融化，大量淡水流入北大西洋，结果使墨西哥湾暖流停止北流，造成西北欧长达1300年的寒冷期，这在地质史上称为新仙女末期。如果最近北极继续变暖，北冰洋海冰继续大量融化，是不是会再造成上述这种现象？这是值得更加深入研究的问题。

海面上升是目前世界的主要环境问题之一。科学界过去多认为世界海平面上升主要是由于南极洲西部冰盖的融化变薄。据最新研究，北极变暖可能也将对世界海平面上升产生较大的影响。格陵兰冰盖是世界最大冰盖之一，其冻结水量约等于世界冰川冻结总水量的10%。最近，据美国航天局测量，1993年以来，格陵兰冰盖每年融化53千米，流入海洋的融冰水可使世界海平面每年上升0.13毫米。通过对格陵兰冰芯的重新分析，认为格陵兰在最后一次间冰期时，气候大幅变暖，冰盖融水使那时世界海平面上升了约5米。因此，如果北极继续变暖，格陵兰冰盖融水及北冰洋海冰融水必将对世界海平面上升产生重要影响。

（来源：杂志《科学》，2001）

02 北极具有对气候变化的放大效应

北极系统的变异直接影响着全球尺度的大气环流、大洋环流和世界气候的变异，成为影响全球气候环境的“驱动器”。众多的研究资料显示，北极地区正在经历着大气、海洋、陆岛及生态等要素快速变化的过程，这种快速变化正在对全世界的气候与环境产生着“牵一发而动全身”的重大影响。北极的冰原同样对缓减全球的暖化起着重大作用。海洋冰面和冰川都是地球的凉爽剂，它们能在春季反射 80% 的阳光，在夏季反射 40% ～ 50% 的阳光。而在冬季海洋的冰面在温暖的海水和寒冷的空气之间又充当了保护膜作用。如果没有大量极地冰块来反射阳光，地球变暖的速度将会大大加快。

对几百万年来气候变暖和变冷阶段的研究发现，无论全球气候怎样变化，北极必定放大其变化幅度。北极地区具有很强的正反馈，如果世界降温 3℃，北极就会降温 9 ～ 12℃。如果地球升温 3℃，北极就升温达 9 ～ 12℃”。美国航空航天局研究数据表明，2010 年全球气温已经达到了创纪录的水平。

北极反馈最强的莫过于海冰和积雪。冰融时海洋或地面就会接受到更多的阳光，引发更多的冰融。相反也是如此，当冰雪较多时，它就把更多的太阳能反射回太空，使北极变冷，从而形成更多的海冰。在北极发生的其他气候正反馈还包括永久冻土融化和植被变化。永久冻土融化导致甲烷和其他碳化合物释放到大气层，增加温室效应。气候变暖的另一铁证是灌木北移取代了苔原植物，较高的植物有助于雪的融化。气候变冷时则恰好相反。

科学家正在探索更远的时间段以了解北极在温室效应方面趋向何处，所有这一切探索对了解北极将来的发展态势至关重要。目前，科学家只进行了 50 年的北极观测，主要指的是卫星进行的海冰观测。科学家发现，2000 年以来北极每月都有气温偏高。换句话说，北极正延续着其 500 万年来所遵循的规律：放大着全球气候变化的信号。地质研究表明，每当地球温度上升几度，北极地区就会放大 3 倍的变暖。从北极过去 500 万年的气候变化看，它总是将全球气温变化的幅度放大。无论是全球气候变化的原因是什么，北极总是有放大效应。现在的北极还在延续古代的模式。

（来源：环境生态网，2011）

03 从北极海冰看全球气候变化

近 20 年来，欧亚大陆北部冬季表面气温呈现持续降温的趋势，秋季北极海冰的减少及北冰洋和北大西洋海温的升高是造成这些地区降温的主要原因之一。北极海冰是气候系统的重要组成部分，海冰的变化通过复杂的反馈过程对区域乃至更大尺度的天气气候产生重要影响，其变化是指示全球气候变化的重要标志。

联合国政府间气候变化专门委员会发布的第四次评估报告指出：近百年来，全球地表平均温度升高了 0.74℃，陆地的增暖通常高于海洋，特别是 20 世纪 70 年代以来尤为明显；中高纬度地区明显高于热带地区，北极地区的增温更是全球平均的 2 倍。国家卫星气象中心基于现有卫星观测资料分析表明，自 1979 年以来，北极海冰的范围呈现出持续减小的趋势，1979—2011 年期间北极海冰 9 月份（北极海冰范围在一年中最小的月份）的范围正以每 10 年 12% 的速率减小。1997 年以来，北极海冰年平均消融速率达到了每 10 年减少 60 万平方千米，其中，9 月份的消融速率更是达到了每 10 年减少 130 万平方千米，是年均消融速率的 2 倍多。与此同时，北极海冰的范围频繁出现创纪录的低值，2007 年 9 月北极海冰范围为 413 万平方千米，是有卫星观测记录以来的最低值，相当于 1979—2010 年 31 年平均值的 66%。2011 年 9 月，北极海冰范围为 461 万平方千米，是有卫星观测记录以来的第二低值，造成了当年北极西北和东北两条航道全线开通。

科学家指出，秋季北极海冰异常偏少导致了近年来欧亚大陆冬季冷冬频繁出现，加剧了东亚地区极端天气气候灾害的发生，是导致近年来我国冬春季节天气气候灾害频繁发生的主要原因之一。例如，2005、2007、2010 和 2011 年 9 月北极海冰范围极端偏低，后期 2005 年 12 月日本发生了极端降雪事件，2008 年初我国南方出现历史上罕见的低温雨雪冰冻灾害，2010 年秋冬季我国华北大部、黄淮及江淮北部出现的大范围干旱，2012 年 1—2 月我国北方经历了严寒。

当前，国际社会对于北极海冰未来演变趋势存在两种截然不同的观点。一种观点认为，北极海冰减少的趋势是不可逆转的，未来夏季将出现无冰的北冰洋。另外一种观点认为，北极海冰消融是阶段性的，是可以恢复的，短期的海冰减少趋势是气候系统自身年代际（或多年代际）的变化造成的。值得注意的是，如前所述，现有观测资料表明，从长期趋势看，自 1979 年以来北极海冰的范围呈现出持续减小的趋势；虽然与 2007 年相比，2008—2010 年北极海冰 9 月份的范围出现了连续 3 年的增加，但 2011 年又明显减少，是有卫星观测记录以来的第二个低值年。对北极海冰演变的认识，需要继续加强监测并开展更加严谨的科学论证。

目前，北极海冰与气候变化研究中需要解决的关键科学问题是北极海冰消融及其对气候反馈的物理机制以及未来海冰的演变趋势。鉴于北极海冰和大气环流对我国天气气候影响的重要性，我国应系统地研究北极海—冰—气相互作用及其对我国天气气候的影响，为提高我国气候预测能力，特别是改进气候模式的模拟能力，提高高纬度和北极地区的气候变率预测能力提供科学依据。

（来源：中国天气网，2012）

04 全球变暖致北极格陵兰冰川消退

美国冰川科学家利用卫星持续对格陵兰岛最活跃的几座冰川进行监测，他们发现有着格陵兰冰川之母之称的 Jakonbshavn 冰川的北翼一夜之间就消退了 1.61 千米。美国科学家瓦格纳说，在几个晚上之前，这座冰川上就裂了一个大缝，两个晚上之后，冰块就从冰川上脱落了，随着水流飘走，脱落部分的面积大约是曼哈顿岛的 1/8 大，创下了冰川缩小最快速度的新纪录。

Jakonbshavn 冰川的消退，所流失的水都能填下一个美国大峡谷。科学家说，冰川的消退速度如此之快，显然是由不断加剧的全球变暖引起的。Jakonbshavn 冰川的前面往往会漂浮着大约 6.44 千米宽的海冰，这确保周围的海水保持很低的温度，使得冰块很难从冰川上脱落下来。一般冰川会在夏季缩小，但是到了冬天，在周围海冰的帮助之下，冰川会重新壮大。科学家表示，缺少海冰显然改变了这一切。

世界自然基金会北极项目负责人马丁 · 萨摩科恩说，北极冰川在地球气候体系中起着重要的作用。北极冰川的融化将加速海平面的上升，影响全世界四分之一的人口，并引发全球范围内极端天气频发。

（来源：新华网，2010）

05 北极冰盖究竟融化了多少？

北极冰盖有两大类，一类是覆盖在北冰洋上的海洋冰盖，一类是覆盖在陆地上的岛屿冰盖。相对于在陆地上的格陵兰岛冰盖，北极冰盖长期浸泡在蕴藏大量热能的北冰洋上，融化速度更加迅速。

以下是两张不同年份同一时期的北极冰原分布图。在时隔不到 30 年的时间内，冰原西部和北部的海冰距离海岸的距离发生了明显改变。1979 年的时

1979 年 9 月北极冰原情况（图片来源：中国天气网）

2005 年 9 月北极冰原情况（图片来源：中国天气网）

候，西部和北部的海冰几乎与海岸连成一体，到了 2005 年海冰和海岸之间已经有了相当远的距离。北极冰原就像一块大蛋糕，被切走了一块。

海冰的融化还不仅仅表现在面积的缩小上。科学观测表明，北冰洋上的北极冰盖厚度已经从原来的 3 米减少为 1.5 米，而且超过 70%的冰层都是冬季刚刚结成的新冰。在夏天的时候，海冰即便不全部消融，也已是所剩无几。

2007 年，法国科学家让 · 克洛德 · 加斯卡尔表示，北极海冰夏季融化速度已经达到了先前的 2 ～ 3 倍，大大超出了科学家的预期。2007 年 9 月，北极冰盖面积为 413 万平方千米，而 2005 年这一数据为 530 万平方千米，两年间冰盖融化面积相当于两个法国那么大。

2008 年的情况更不容乐观。《泰晤士报》报道了一条惊人的消息，英国科学家的研究表明，现在北极冰盖在冬季也像在夏季一样快速消融、变薄，这给北极附近冰层的灾难性融化增添了证据。

英国科学家使用人造卫星测量了 2002—2008 年北极冬天的海冰厚度。研究显示，整个北极海冰的平均厚度与前 5 个冬季的平均厚度相比变薄了 26 厘米。北极西部的海冰厚度甚至损失 49 厘米，导致西北通道的开通——2007 年夏天开始了 30 年来的首次海运。

有科学家称，夏天冰盖可能在 10 年内消失。一个无冰的北极，至少在夏季，日益成为可能。而无冰的北极，在近 100 万年都没有出现过。

（来源：中国天气网，2008）

06 北极海冰面积逼近历史最低

北极海冰的面积正在缩小，已经非常接近历史最低值。Envisat 环境观测卫星在2008年6月初到8月中旬，利用其携带的高级合成孔径雷达对北极海冰拍摄了一系列照片。这些照片显示，北极的海冰覆盖面积已降到有记录以来的第二低值。

北冰洋每年都会经历结冰—融化的过程。欧航局从1978年开始对这一现象进行观测，结果发现北极海冰面积在逐年递减。同时，穿越加拿大北极群岛通往亚洲的“西北航道”也因为解冻而首次可以完全通航。

英国海洋物理学家彼得·瓦德哈姆斯，从1976年起他乘皇家海军核潜艇在冰盖下进行了6次航行，收集到了众多数据。2007年，他再度潜入北极冰下，发现冬天海冰迅速变薄，现在厚度仅为1976年的一半。瓦德哈姆斯说，通常冬天北极海冰面积为580万平方英里，夏天海冰面积为270万平方英里。但是，因为2007年日照时间比往年多，水温升至4.3℃——高于平均温度。到9月，北极冰盖已经缩小了110万平方英里。

德国科学家米勒·海因里希在公报中指出，地球两极，尤其是北极地区，对气候变化十分敏感。联合国政府间气候变化专门委员会警告说，全球变暖导致海冰消融，到2070年，北极海冰可能会完全消失。另有一些科学家推测，这一景象会在2040年出现。海因里希则认为，根据卫星照片判断，北极海冰完全消融的日期有可能还会提前。

瓦德哈姆斯教授分析了北极海冰消融的速度加快的原因。冰是白色的，因此照到冰上的大部分日光被反射回去。而现在冰逐渐消融，露出海水，而海水的颜色比冰暗，可以吸收更多的阳光，海水的温度会变得更高。这又导致更多的冰融化，使得冬天更不易再度结冰。这一过程逐渐加快，一直到冰完全融化。

近几十年来，北极海冰范围在以每10年2.9%的速率减少，这将迫使北极熊不得不到离海岸更远的地方去觅食，寻找能够承受它们体重的冰层。与此同时，也有相当一部分北极熊因为猎物海狮长期随冰河北移竟饿死于海洋中，警告地球变暖的严重性。

（来源：网络《国际在线》，2012）

07 北极将提前迎来无冰夏季

北冰洋将很快迎来无冰的夏季，但是最新的研究表明，这一时间很可能比科学家们预测的要提前3倍。在未来30年内，而不是此前预计的本世纪

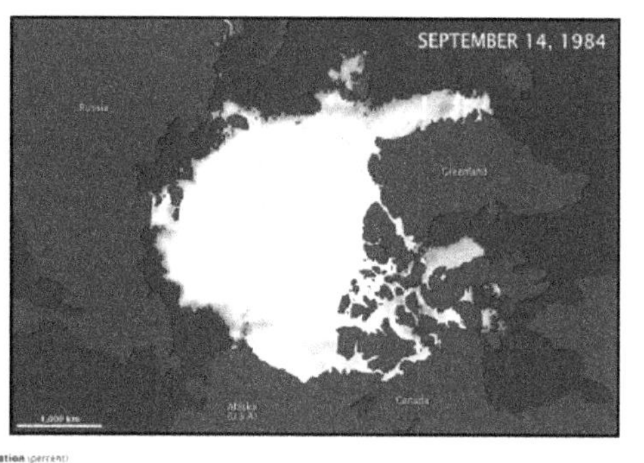

近30年北极冰层变化情况（左图，2012）和（右图，1984）（来源：Wikipedia，2012）

末，北极地区就可能出现夏季几乎无冰覆盖的景象。北冰洋夏末的冰层覆盖面积可能只有100万平方千米。相比之下，目前的冰层覆盖面积大约有460万平方千米。如此一来，更多的开放水域将惠及航运和海底矿产及石油开发工程，但同时也会引发生态系统剧变。

2007年，联合国政府间气候变化专门委员会发布报告对北极未来进行评估，美国气候学家Muyin Wang和海洋学家James Overland提出对夏末北极冰面的急剧缩减予以分析。他们从现有的23个模型中挑选出了最适用于评估海冰状况的6个模型，进行预测结果。近年来，两位科学家一直在寻找同实际情况最吻合的模型。

所选出的模型要能够反映冰层在夏季和冬季的区别，这显示了一个模型是否具备将太阳辐射量从夏季到冬季的变化纳入考量范围的能力。一旦夏末北极海冰覆盖面积缩减至460万平方千米——实际上2007年已经降至413万平方千米，2008年则为470万平方千米——所有6个模型都显示出海冰将呈快速减少的趋势。模型的平均预测结果表明，32年后将出现一个几乎完全无冰的北极。

（来源：人民网，2009）

08 北极冰盖融化，“西北航道”通航

北极地区受全球变暖的影响是世界其他地区的两倍，随着全球变暖、冰川消融，北极成为孤岛后，对地球及生活在地球上的人类和其他生物会有什么后果？北极成为孤岛后会造成灾难吗？

卫星观测图像显示，北极“西北航道”在夏季已经解冻，探险者已能设法通行。长年冰封的“西北航道”是北半球的重要航道之一，如果长年通航将会影响整个世界的贸易，甚至会让周边俄罗斯、美国和加拿大等国的北极“争夺战”加剧。

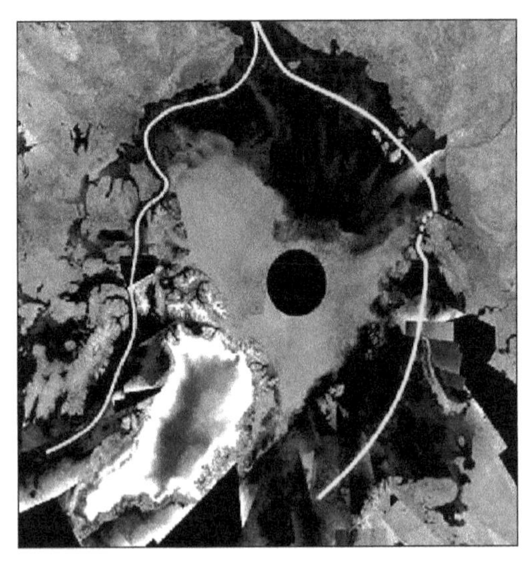

卫星图中黄色线为“西北航道”，已经解冻；绿色线为“东北航道”，有部分被冰山所阻挡（图片来源：中国天气网）。

所谓“西北航道”，是指从加拿大东北部戴维斯海峡开始，沿加拿大北部海岸到美国阿拉斯加州的一条航道，它从北大西洋经加拿大北极群岛进入北冰洋，再进入太平洋的航道，是连接大西洋和太平洋的一条捷径。这条航道大部分时间处于封冻状态，一年之中只有夏季很短的一段时间可以通航。但随着全球变暖，北冰洋冰层正在逐渐融化，通航的可能性正在逐渐增大。

科学家认为，“西北航道”可能在未来几十年内变成真正的“通航大道”，成为穿越北极群岛的一条极具吸引力的航线。届时，从欧洲开往亚洲的船只将不必远走巴拿马运河，而直接通过“西北航道”，穿越白令海峡，跨越大西洋和太平洋，抵达日本和亚洲的其他地区。

“西北航道”为北极地区储量丰富的石油、银、铜等资源的开采提供了便利。北极地区的能源总量占到世界未探明总量的1/4左右，因此，随着北极地区冰层加速融化及世界能源消耗日益加剧，利用比以往更加便利的“西北航道”是一个重要选择。除此之外，“西北航道”地区本身也蕴含着丰富的自然资源。

（来源：中国天气网，2008）

09 北极永久冻土消融，鸟类鱼类悄悄北上

谁能够想到，生机蓬勃也是一种危机？谁如果在这个时候到北极，看到各种动植物各得其所，他会不会感到恐慌？当浮游植物四处生长，南方的鱼

北极冰川不断消退，永久冻土也在减少，南方的植物、鸟类、鱼类正悄悄北上（图片来源：汇图网）

类纷纷北上，成群结队的候鸟飞回北方的繁殖地产卵，你没发现北极和以往有何不同吗?

一直以来，从夏季开始，到9月初，历史上都是北极冰层达到夏季最低点的时候，但2009年有些不同。美国国家冰雪数据中心每日发布的海冰报告显示，冰层的消退程度远高于长期平均水平。自从20世纪70年代以来，北极冰层面积每10年就消退12%，2008年夏天的最低点为4.33万平方千米，这几乎是20世纪60年代的一半。

包括格陵兰岛上冰盖在内的北极冰川不断消退，永久冻土也在减少。南方的植物、鸟类、鱼类正悄悄北上，北极圈已经出现了大西洋鲭鱼、黑线鳕和鳕鱼，而北极特有的物种很可能会消失。

北极异动的多米诺效应是，冰层融化偏偏让其他地方带来了严冬。美国科学家查尔斯 · 格林表示，人们常常认为北极气候变化远离我们，不会给日常生活带来多大影响。然而，事实上遥远北极的活动能够改变其他地方的气候模式。

（来源：杂志《福布斯生活》，2012）

10 北极冰层消融释放有毒化学物质

由于气候变暖，沉积于北极地区的冰雪、海洋和土壤中的有毒化学物质正在释放出来。来自加拿大、中国和挪威的科学家称，第一手证据表明，一些持久性有机污染物正在“转移”到北极大气中。研究表示，随着气候变化，过去20年来，持久性有机污染物已经大批转移到北极大气中，北极变暖可能会破坏减少人类接触到这些有毒化学品的努力。

持久性有机污染物能够在大气中长距离流动，长时间存在于食品和水中，并在人类和其他动物体内脂肪中积聚。污染物也可通过母亲传染给胎儿，而且已经发现它与人类和其他动物严重的健康问题相关。

加拿大科学家洪海莉表示，温暖的环境会将土地、冰和海洋水库里持久性有机污染物释放到大气层。她说："这些化学品是半挥发性的，如果温度足够高，它们有能力蒸发出来。"

科学家对北极高纬度地区监测点——挪威斯瓦尔巴德群岛空气监测站20年来的空气监测数据进行了分析。从20世纪中期开始，挪威科学家们就开始观测到某些持久性有机污染物的指数较高，包括六氯苯和多氯联苯。

洪海莉表示，因为这些化学物质已被限制在那些不再生产持久性有机污染物的地方，所以指数比较突出。她说："库存的这些物质仍然存在，但来源都有限。我们看到斯瓦尔巴德群岛站监测到的浓度在上升时我们很惊讶。"

科学家们又研究了加拿大努纳武特省监测站20年来的数据，发现持久性有机污染物仍然有小幅但明显的增加。洪海莉认为，斯瓦尔巴德群岛站点的增幅较大，是因为它邻近海洋地区，而当地的海冰已减少。"这个迹象表明，这些化学物质确实正从海洋开始蒸发"。

然而，洪海莉也指出，不是所有持久性有机污染物对气候变暖的反应都一样。在挪威和加拿大发现的六氯苯和多氯联苯比其他有机污染物更容易蒸发、更难溶于水。这意味着它们更容易从陆地或海上重新进入大气层。

（来源：人民网，2011）

11 全球变暖与北极资源大开发

北极地区的自然资源极为丰富，除了有富饶的渔业和丰富的水力、风力、森林等可再生自然资源外，还有不可再生的石油、天然气、铜、钴、镍、铅、锌、金、银、金刚石、石棉和稀有元素等矿产资源。2010年，北极国家在莫斯科举办名为"北极：对话之地"的国际论坛，主旨是为各方在北极问题上寻求国际协作新视角，使北极成为和平与合作之地。

据美国地质勘探局公布的报告称，北极地区拥有原油储量900亿桶，天然气储藏超过47万亿立方米。北极拥有全球13%的未探明石油储量，同时拥有全球30%未开发的天然气储量和9%的世界煤炭资源。对这些丰富的资源，北极周边一些国家已经开始大规模开采。例如，美国阿拉斯加西北岸建立了地球最大的锌矿开采基地，加拿大原本不是钻石生产大国，但最近15年里，仅凭北极地区新开发的三个钻石矿，已跻身世界钻石产量三甲之列。

此外，北极地区还有着重要的战略地位，尤其是航运价值。据一些科学家预计，随着全球气候变暖加速冰山融化，几年后，从大西洋穿越北冰洋到达太平洋的航行时间将会缩短近1个月。届时，从亚洲到欧洲，将比走巴拿马运河缩短上万千米行程。这意味着哪一个国家控制了北极，不仅控制了战略要道，也控制了新的世界经济走廊。2008年8月25日，俄罗斯一艘11万吨级的油轮装载7万吨原油在破冰船导引下顺利穿越东北航道，在9月上旬抵达终点中国宁波港。有评论说，这次破冰之旅揭开了北极航道商业化航行的序幕。

另外，北冰洋的洋底现在已经是世界各国战略核潜艇的栖身之所，北冰洋厚达几十米到几百米的冰层阻挡了来自卫星、飞机等的跟踪和探测。一旦战争需要，核潜艇就能选择突破冰层发射战略导弹。

（来源:《科学新闻杂志》，2008）

12 北极寒地变热土，喧闹军事力量

20世纪50年代初，加拿大率先宣布对北极享有领土主权，并一直加强在该地区的军事力量。2004年还举行了以捍卫其北极领土为目的的大规模军事演习。而邻近北极的美国、丹麦、俄罗斯、挪威等国也没有放弃对该地区拥有领土主权的要求。美国在北约成立后，在从阿拉斯加到冰岛的北极线上，建立导弹防御系统，部署强大的军事力量。俄罗斯则一再重申，包括北极在内的半个北冰洋都是其国土所占据的西伯利亚大陆架向北的延伸。

2007年，俄罗斯在北冰洋海底的插旗行动引起了有关国家的密切关注，可谓“一旗插起千重浪”。此后有关国家纷纷派出自己的科考队驶向北极，或在北极地区进行演习等宣示主权。2009年，俄罗斯发布北极地区的国家政策原则，提出分阶段实施北极战略的规划，包括在2020年前将北极建成俄罗斯主要的资源基地；2011—2015年，完成俄罗斯在北极地区的边界确认，确保实现俄罗斯在北极能源资源开发和运输领域的竞争优势。俄罗斯根据有关保障其在北极地区军事安全的相关文件，将加强该地区边防部队和海岸警卫部队力量，以确保俄罗斯在北极地区“政治、军事环境下的军事安全”。

2009年，美国前总统小布什在离任前签署了关于北极地区政策的国家安全指令，其中强调美国准备动用所有能够动用的手段来捍卫美国在北极地位的主权，并且打算大幅度增加在北极的军事存在。除了国土环抱半个北冰洋的俄罗斯，加拿大是北极地区领土、领海占地最广的国家。对北极地上地下、水上水下的种种关注，早已上升为加拿大的重要国家战略，其动作显得比其

他各国更迅速、更深入、更实际，层次也更丰富。

同样，欧盟在布鲁塞尔正式启动冰岛入盟谈判程序，冰岛在 2012 年继克罗地亚之后成为欧盟第二十九个成员国。冰岛入盟程序之所以如此快捷，一些欧洲观察家认为，欧盟不只是为了帮助冰岛，也是为了扩大欧盟的地缘战略利益，谋求北极油气资源。德国电视媒体此前曾直言不讳地指出，冰岛加入之后欧盟将会扩大自己在北极地区的存在，那里有着极为丰富的油气储备，具有非常重要的战略意义。目前欧盟只能凭借丹麦这一个成员国参与北极开发事宜，而围绕北极地区资源利用的国际合作问题越来越具有迫切的现实意义。

（来源：人民网，2010）

13 北极永冻土带融化，遭严重侵蚀

由于北极气候变暖，大量永冻土带融化。自 2000 年以来，科学家对大约 10 万千米占整个北极海岸线 25% 左右的北极海岸线进行了研究。他们发现，永冻土层每年平均遭侵蚀速度达到 0.5 米左右。在海岸线非常短的部分区域，科学家发现每年遭侵蚀的永冻土层最多达到 20 ～ 30 米。拉普帖夫海、东西伯利亚和波弗特海沿岸的永冻土带遭侵蚀情况最为严重。

德国地貌学家休斯 · 兰特乌特表示，北极永冻土海岸长约 40 万千米，占地球海岸的 1/3 左右。自上一个冰河时代以来，周围长达数千米的海冰让很多永冻土海岸保持较为稳定的状态，但在温度不断升高的北极，冰覆盖量不断减少。兰特乌特说，“这些海岸一年中的绝大多数时间都受到海冰的保护，如果海冰覆盖量减少，遭侵蚀程度将更为严重”。

海岸遭侵蚀不仅意味着陆地遭受损失，同时也会影响当地的生态系统。兰特乌特说，“对于一些分布着湖泊等淡水栖息地的海岸线来说，这样的栖息地可能消失或被咸水泻湖取代。”

兰特乌特指出，水生环境可能因富含营养物的沿岸沉积物流入海洋发生改变。“近岸水域的氮和磷等营养物不断增多可能影响食物链的第一环，如细菌和其他微生物，它们以这些营养物为食。食物链中体型最大的动物也最终遭受影响”，兰特乌特表示很难预测这些变化。

北极冻土带居民必须适应改变的地貌。绝大多数社区位于沿岸，由于土层不稳定，一些居民已被迫迁居。随着北极温度升高，变化的海岸线也将成

为一些声称享有能源开采权的国家面临的重大障碍。原因在于遭到侵蚀的海岸线可能导致建造和保护开采油气的基础设施遭遇更大难度。

（来源：网络《新浪环球地理》，2011）

14 北极航运增加将加速气候变化

如果全球气候继续变暖，北冰洋海冰进一步减少，连接国际贸易伙伴的北极航运可能会移向最北端，形成新航线，并且航运交通将会增加。这种不断增加的北极航运所造成的空气污染将会对气候产生明显影响，科学家指出，发动机排出的温室气体和烟尘颗粒将为全球变暖贡献 17% ～ 78% 的份额。

美国科学家 Eyring 从空间地理的角度研究评估了船舶污染物对全球变暖的综合影响，计算了到 2050 年北极地区航运的增长，并描述了开辟新北极航运路线的可能性。研究指出，全球变暖可能在 2030 年呈高增长趋势，到时北极航运排放的黑碳将高达 45 亿吨，其中二氧化碳排放将达到 4200 万吨，可将全球变暖的可能性提高 17% ～ 78%。通过新路线的北极航运到 2030 年将达到全球航运的 2%，2050 年达到 5%，而目前通过苏伊士和巴拿马运河的航运容量只不过各占全球航运贸易总量的 4% 和 8%（Eyring，*et al.*，2007）。

科学家詹姆斯 · 科比特说，柴油燃烧排放出的黑碳或烟灰是影响力最大的因素之一，属于“短期气候压力因子”。北极或其附近航行的船舶会使用先进的柴油发动机，燃料不完全燃烧会产生微小的碳颗粒，它们或直接吸收阳光热量，或间接吸收冰雪表面反射的阳光热量而变成“加热器”。此外，发动机排放的其他颗粒也是重要的“短期气候压力因子”。

研究指出，必须研究出针对短期气候压力因子的平衡之策。他们提供了一种“最可行缩减方案”，综合运用各种排放控制技术，如海水洗刷，能吸收柴油燃料燃烧过程中排放的二氧化硫。根据计算，此控制方案可将北极航运排放的黑碳降低到接近可接受的限值，并能一直维持到 2050 年。

（来源：报刊《科技日报》，2010）

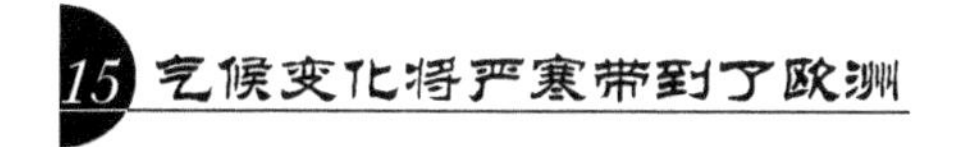

横扫英国和欧洲其他地方的寒冷天气与北极不会冰冻的海之间有关，而

全球变暖正在发挥着其最大的影响。

俄罗斯以北的巴伦支海和喀拉海上的海冰戏剧般地减少可解释为什么寒冷的北极风席卷欧洲大部分地区并夺走了许多人的生命。

越来越多的专家相信，复杂的气流模式正被改变，因为日益融化的海冰使通常会冻结的大面积海域暴露于其上的大气层。

科学家认为，特别是北极海冰的减少会影响俄罗斯以北上空高压天气系统的发展，该天气系统将北极和西伯利亚的寒风带到欧洲和不列颠群岛。俄罗斯西北强烈的高气压是导致横扫欧洲的寒冷的东风的原因，一些气候科学家认为，北极海冰的减少是由全球变暖引起的。

"当前的天气模式印证了计算机模型的预测——大气如何对全球变暖导致的海冰减少做出反应"，波茨坦气候影响研究所的斯蒂芬 · 拉姆斯多夫教授说，"不会冰冻的海像一个加热器一样使得海水比其上的空气要暖和。这导致巴伦支海上空高气压系统的形成，而它将冷空气带进了欧洲"。

阿尔弗雷德 · 魏格纳极地与海洋研究所的科学家所进行的研究已证实北极海冰的减少与极地区域高压的发展之间存在关系，后者影响着南部低纬度地区的气流模式。科学家发现，随着海冰减少，大量的热量被从海中释放到其上寒冷的空气中并导致空气升温。升温的空气使气压不稳定并改变北极与其以南区域之间的气压差异，而这最终导致气流模式的改变。

拉姆斯多夫教授称，阿尔弗雷德 · 魏格纳研究所的研究证实了波茨坦研究所弗拉基米尔 · 佩托科夫此前所设计的计算机模型的预测——作为海冰融化的结果，西欧的冬天将变得更冷。

弗拉基米尔 · 佩托科夫博士与其同事弗拉基米尔 · 谢苗诺夫是最早认

横扫欧洲的寒冷天气，全球变暖正在产生着最大的影响（图片来源：汇图网）

识到海冰减少与欧洲冬天变得更冷之间有关系的科学家。他们在2009年的一项研究模拟了海冰消失的影响，发现在将来数年里海冰的减少将使欧洲冬天变得更冷的机会增加。

佩托科夫博士说："那些认为遥远的海冰的萎缩不会影响到自己的人们可能错了。气候系统里有着非常复杂的相互关系。我们能在巴伦支海和喀拉海找到强有力的反馈机制。"

但是英国气候研究者亚当·斯凯菲称，其他复杂的关系肯定也在影响着寒潮。"寒潮的发生与高空气流之间有着非常清楚的关系……离地30千米高空的气流非常弱"，他说，"我们已多次用计算机模型试验弄清这导致了北欧的高压和我们现在在英国看到的寒冬景象"。

（来源：中国低碳网，2012）

16 全球变暖导致南极冰架倒塌

一座巨大的冰山从位于南极洲东部的默茨冰川上崩离。"默茨冰川此刻正在经受一次大的裂冰事件，可能会崩离一个宽20～25千米、长75千米、厚400～500米的冰山"，法国冰河学家本诺伊特·莱格雷西说。默茨冰川已经向南极洲海洋滑动了140千米。

这座冰山的淡水含量预计是悉尼港水量的135倍，相当于全世界每年用水量的30%。但冰山崩离后并不会马上融化，而要靠洋流将它带到温暖的海域，这一过程需要长达30年的时间。

科学家们是在观看默茨冰川的卫星图像时发现了两条巨大裂缝，他们因此意识到一座冰山正在形成。当裂缝越来越大时，莱格雷西决定对裂痕状况进行测量。他在冰川上安置了8个全球定位灯塔以监测冰的移动情况，其中2个位于一条主要裂缝的两侧。它们都是可以自动运行、精确全球定位的灯塔，只要你在附近，它们就能操作。每隔30秒它们就会测量一下自己的方位，测量数据的精确度几乎达到厘米。

科学家们也许可以一厘米一厘米地测量不断扩大的裂痕，但他们无法断定这个巨大的冰山最终将在何时脱离默茨冰川。澳大利亚科学家理查德·科尔曼认为，这项研究能够帮助科学家们更深入地理解冰河运动。

"你花费一年的时间追踪、观察它如何分裂，你能够参透其中的原因吗？这是一种自然现象，还是它和气候变化有关"？他说，"理论上来说，需要大概50年或者60年的数据，才能分析这种情况是否会发生。”

英国南极调查局声称，他们已经找到全球变暖导致南极冰架倒塌的直接证据。科学家们称，人类活动释放出的温室气体改变了南大洋的风向，从而使朝向南美洲的南极半岛气候变暖并导致了2002年的“守护神B”冰架崩塌。科学家加雷思·马歇尔称：“这一发现首次展现了人类活动直接关联冰架崩塌的物理过程。”2002年，“守护神B”冰架崩塌在威德尔海内，面积达3250平方千米，比卢森堡公园和美国罗得岛州的面积还大。

（来源：人民网，2006）

17 南极洲东部冰体融化逐年加快

从2006年开始，南极洲东部冰体的融化速度加快，提醒人们气候变暖导致全球海平面升高的危险正在增加。

美国科学家利用监测地表重力的卫星数据发现，从2002年4月至2009年1月，南极洲东部冰体的融化速度为每年50亿～1090亿吨，从2006年开始，该融化速度明显加快，融化最集中的地带位于威尔克斯地和维多利亚地的绵长沿海地区。

根据观测估算，与南极洲西部冰体相比，该洲东部冰体的融化速度要慢得多。整个南极洲冰体融化的速度为每年1130亿～2670亿吨，其中有1060亿～1580亿吨的融化冰体来自南极洲西部地区。

科学家警告说，如果此后的深入研究和观测能进一步确认南极洲东部冰体融化加快，那么说明南极洲东部的冰体变化规律可能发生了改变，这可能导致全球海平面显著升高的时间比研究者此前的预计更早。

联合国政府间气候变化专门委员会预测，到21世纪末，全球海平面可能升高18～59厘米。但后来又不断有新的科学研究预测认为，目前人们对气候变化导致未来海平面升高的程度估计不足。

（来源：《科技日报》，2009）

18 喜马拉雅山冰川健康状况恶化

由印度空间研究组织和印度地质调查局联合进行的一项研究表明，尽管有 21% 的印度喜马拉雅山脉冰川并没有表现出融化速度的增加，但其余大多数冰川正在退缩。印度环境部长 Jayanthi Natarajan 在一份声明中表示，这一模式是一种世界性的现象，并且是自然循环过程的一部分。她的发言令许多观察家大跌眼镜，因为她并没有将喜马拉雅冰川的退缩归咎于气候变化。

新的研究成果来自于一个名为“雪和冰川研究”项目，该项目在政府的支持下由阿默达巴德市的空间应用中心负责实施。项目于 2010 年结束，基于卫星测绘的调查对印度河、恒河及雅鲁藏布江盆地冰川地区的积雪层以及冰川范围进行了盘点。Natarajan 在 2008 年于印度国会进行的演讲中曾表示，这项为期 5 年的研究项目监测了 2767 条冰川，最终发现其中有 2184 条冰川正在退缩，435 条冰川正在前进，还有 148 条冰川原地不动。

印度前环境部长 Jairam Ramesh 表示，“毫无疑问，喜马拉雅冰川的整体健康情况正在恶化，但实际情况复杂得令人难以置信”。2010 年，Ramesh 曾与联合国政府间气候变化专门委员会就 IPCC 言过其实的未来冰川融化预测发生了冲突。该委员会在 2007 年的一份报告中指出，喜马拉雅冰川“正在以比世界上其他任何地方都快的速度退缩，如果一直保持目前的速度，这些冰川很可能在 2035 年消失，并且如果地球继续以目前的速度变暖，冰川消失可能会更快”。

科学家认为，预测冰川的规模可能很难，但一些人现在非常担心冰川融化会形成不稳定的湖泊，进而对位于低处的村庄构成威胁。印度查漠大学地质系的冰川专家 G・M・Bhat 曾表示，正在形成的越来越多的这样的湖泊应归因于温度的上升。如果这些湖泊决堤，它们通常都是由松散的冰碛形成的，洪水将对下游地区造成毁灭性的打击。

（来源：报刊《科学时报》，2011）

19 喜马拉雅地区冰川或将消失

近年来，人们对从巴塔哥尼亚到瑞士的阿尔卑斯山地区的冰川因为温室气体的排放和普遍认为的温室效应而融化的情况进行了观测。在南亚地区，问题并不是冰川是否在融化，而是融化的速度有多快？虽然全球变暖的许多不良影响可能要到 21 世纪末才会变得非常严重，但是尼泊尔、印度、巴基斯坦、中国和不丹等地的冰川融水可能很快就会给人们造成麻烦。

国际冰雪委员会的一份研究报告指出，“喜马拉雅地区冰川后退的速度比

喜马拉雅山冰川融化速度如果继续下去，在2035年之前消失的可能性将非常大（图片来源：汇图网）

世界其他任何都要快。如果目前的融化速度继续下去，这些冰川在2035年之前消失的可能性非常之大”。国际冰雪委员会负责人塞义德·哈斯内恩说，“即使冰川融水在60～100年的时间里干涸，这一生态灾难的影响范围之广也将是令人震惊的”。

位于恒河流域的喜马拉雅山东部地区冰川融化的情况最为严重，那些分布在“世界屋脊”上的从不丹到克什米尔地区的冰川退缩的速度最快。以长达3英里的巴尔纳克冰川为例，这座冰川是4000万～5000万年前印度次大陆与亚洲大陆发生碰撞而形成的许多冰川之一，自1990年以来，它已经后退了半英里。在经过了1997年严寒的亚北极区冬季之后，科学家们曾经预计这条冰川会有所扩展，但是它在1998年夏天反而进一步后退。

（来源：新浪科技，2010）

20 喜马拉雅冰川峰顶出现苍蝇

所有喜马拉雅山冰川都在融化，平均每年融化10～20米，登山队员在珠穆朗玛峰海拔5000多米处发现了黑色苍蝇，这在几年前是根本不可能出现的现象。

“喜马拉雅山正在迅速升温、迅速变化”，达瓦说，“我的事业是登山。我们注意到的是喜马拉雅山冰川在融化。冰川融化已经不再是季节性的事情，

“所有喜马拉雅山冰川都在融化，平均每年融化 10～20 米”（图片来源：汇图网）

它迅速融化，如此明显。看看昆布冰川的川壁和斜坡吧。你可以看到一条清晰的线条，在那里黑石头变成了白色。暴露在阳光下，也就意味着数米厚的冰层仅仅在几十年内就融化了”。

达瓦出生在昆琼，那是一个距珠穆朗玛峰仅 12 英里，海拔 3500 米的小村庄。他是世界自然基金会气候变化大使，主要负责进入喜马拉雅山的考察。他和朋友阿帕 · 夏尔巴一起登山。阿帕曾经 19 次登上珠穆朗玛峰，达瓦家族祖孙三代共同见证了气候变迁。达瓦说，“祖父经常赶着牦牛穿过尼泊尔最长的恩沟——珠巴冰河到对岸一个名为 Gokio 的地方。那时，他可以从冰上走过去，但是现在冰已经不存在了，那里成了布满石头的荒地。整条冰河都融化了”。

“所有喜马拉雅山冰川都在融化，最明显的变化是被称为冰湖溃决洪水的增加”。融化的冰川形成冰川湖，随后溃决，就会暴发洪水。伊姆加冰川湖是可能爆发冰湖溃决洪水的最引人注目的例子。它每年增长 74 米，当冲破堤岸时，就会暴发高山海啸，湖水倾泻而下，能彻底摧毁通往珠穆朗玛峰探险营地约 70%的登山道路。

2008 年，昆布冰川边缘的一个非常小的冰湖破裂，奔流而下的洪水冲垮了通往珠穆朗玛峰探险营地路上的四座桥梁。达瓦说：“最高峰也越来越小了。原来它的山脊上能容纳 50 个人。而现在至多只能容纳 18 个人。雪檐正在脱落，有一条大裂缝正在裂开。这在过去从来没有出现过，似乎再也没有安全的东西了。”

（来源：新浪博客，2009）

21 喜马拉雅山脉吹响争夺水资源号角

喜马拉雅山脉的演变是科学和气候变化领域关注的焦点。演变将极大地影响依靠喜马拉雅山脉获取水源的地区安全。但是，现有的科学证据非常有限，联合国政府间气候变化专门委员会在撰写报告时也面临着同样难题。因此，对于喀喇昆仑山脉冰川活动的最新一项研究极具价值。

研究探讨了当地自然条件对冰川的影响，其内容对于了解该地区气候变化的总体趋势和影响非常重要。由德国波茨坦大学和美国加利福尼亚大学的科研人员联合撰文，关注了隶属于喜马拉雅山脉地区的喀喇昆仑山脉的冰川状态。该文量化了冰川研究人员经常讨论的一个问题——被瓦砾覆盖的冰川的特点，因此得出的结论非常有用。作者指出过去观察的冰川中有 65% 正在融化，而在喀喇昆仑山地区，冰川都被破碎的岩石覆盖，超过 50% 的冰川并没有融化而是有所增多。冰川被一定深度的瓦砾覆盖，可以使冰川与外界隔离，冰川的质量、厚度和广度也会发生改变，以此来缓和冰川对于气候变化所做出的反应。喀喇昆仑山脉冰川的活动可能是由于包括冬季雨水量或降雪量增多在内的当地气候条件所致。

不断融化的冰川对我国有着巨大的影响。青藏高原的西部地区处于高纬度，冰川消融速度有可能快于预期，估计将有近 10 亿人受到严重影响。世界自然基金会指出，在中国过去的 40 年里，已融化冰川的平均比例达到 6.3%，这意味着整个青藏高原已融化的冰川面积超过 6606 平方千米，这是继 20 世纪 80 年代中期以来，冰川融化量最大的一次。随着冰川的融化和降雪量的减少，约有 1.7 亿人居住的半干旱地区将失去对于村庄和畜牧业来说至关重要的水源。此外，与日俱增的骤发性洪水和山体滑坡也将对这些地区造成威胁。

再分析一下喜马拉雅山脉冰川融化对我国西藏及周边国家的影响，虽然目前的科学研究资料不足，但这项研究成果仍然可以帮助我们了解冰川的未来发展。喜马拉雅山脉是几亿人饮用水的源泉，并且流经印度、巴基斯坦、中国和其他亚洲国家。为维护该地区的和平，对不断变化的环境做出正确的预测并辅以管理也许是至关重要的。如果冰川突然融化，各国或许会吹响争夺水资源的号角。

（来源：英国驻华使馆新闻，2012）

22 全球变暖，三江源区雪线明显上升

三江源，作为中华水塔和雪山覆盖的高原地带，对于气候变化显得格外的敏感。阿尼玛卿雪山相连的群山几年前还是白雪覆盖，如今雪线明显上升。三江源生态恢复将面临三大挑战。近年来气候日益变暖，我们在感叹雪山的神奇与挺拔的同时，也感叹清晰可见的雪线一步步上升，然后消逝，然后再上升。气候变暖在这里烙下了深深的伤痕。作为全球生态最为敏感的区域之一，“中华水塔”三江源要恢复到以前最为原始的生态，任重而道远。人类活动的加剧，气候的变暖，让我们不时都要关注着这片区域脆弱的生态平衡。

阿尼玛卿雪山是昆仑山中支的最东段，这里有 18 座海拔 5000 米以上的山峰，最高峰高达 6282 米。阿尼玛卿雪山附近，除了山顶上有少量白色的积雪外，山上 90% 以上的面积都没有了雪，多年积雪融化了，山上恢复为黑褐色，这是雪山雪线上升的现象。而在几年前，这些山上都是白茫茫的一片积雪。科学家介绍，阿尼玛卿雪山上的冰川近年来不断融化，经常出现冰川融化导致雪崩的现象。

科学家说，昆仑山脉的其他冰川也在逐步消失。科考人员对这些雪山冰川变化的情况进行调查表明，目前长江源区冰川总面积为 1051 平方千米，比《长江源志》记载的 1247 平方千米减少了 196 平方千米，冰川年消融量达

阿尼玛卿雪山相连的群山几年前还是白雪覆盖，如今雪线明显上升（图片来源：汇图网）

9.89亿立方米。

（来源：央视《经济半小时》，2009）

 玉龙雪山冰川消融影响水源补给

由于全球气候变暖，云南省丽江市著名景点和市区水源供给的主要来源——玉龙雪山冰川消融加剧，19条冰川已有4条消失。如何对未来丽江市区水资源提供补给，是目前急需解决的课题。

玉龙雪山是欧亚大陆雪山中距离赤道最近的海洋型冰川区，南北长35千米、东西宽13千米，山上分布有19条冰川，总面积11.61平方千米。1996年以来已经逐步开发成为中国规模最大的冰川旅游地之一，目前正式获评国家地质公园。

中国科学院玉龙雪山冰川观测站研究显示，1982—2002年，玉龙雪山最大的白水1号冰川冰舌大约后退了250米，积雪厚度和面积也在减小。冰川末端海拔高度由2004年的4255米上升至2009年的4320米；海拔4680米处的冰川宽度由2004年的336米缩减为2009年的318米。我国科学家认为，全球气候变暖是玉龙雪山冰川近20年来出现消融量增加、冰舌位置后退、冰川面积减小、雪线上升现象的主要原因。

通过对丽江市1951—2008年气温降水数据的统计分析，1998年之前，丽江市年平均气温为12.6℃，1998—2008年间的平均气温达13.2℃，最高年均气温出现在2005年为14.2℃。2009年丽江市年平均气温为13.9℃，随着丽江市气温的逐年上升，玉龙雪山现代冰川发生了大幅度的萎缩，仁河沟的3条冰川及漾弓江1号冰川已完全消失。玉龙雪山冰川仅剩15条，冰川总面积由11.61平方千米减少至8.5平方千米，平均末端海拔4649米。

玉龙雪山管委会表示，玉龙雪山冰川的持续消融极大地影响了区域内的水源补给，并将导致地质灾害的发生和部分生物物种的消亡。玉龙雪山不仅是宝贵的旅游资源，更是丽江市区水源供给的主要来源，现代冰川是一个固体水库，通过其自身的积累消融对玉龙雪山周边水资源起到了有效的补给作用。

（来源：中国新闻社，2010）

24 冰川融化危害中国环境

最近几十年，由于全球变暖，青藏高原夏季融化的冰雪量大大超过了冬天的凝结，给亚洲带来了严重的水患。引起江河流量猛增，洪灾比20世纪60年代多一成。青藏高原是长江、黄河、湄公河和印度河等亚洲各大河流的主要发源地。每年冬天，冰雪凝结在这里的4.6万个冰川上，到了次年5—6月，冰雪融化后流入江河。

由于全球变暖，青藏高原夏季融化的冰雪量大大超过了冬季的凝结量（图片来源：汇图网）

在过去的40年里，高原的冰川平均每年以7%的速度萎缩，速度还在逐年加快。如今每年流失的水量相当于黄河一年的总流量，这比40年前多了20%。亚洲新增了不少湖泊，水灾也因此越来越多，引发的疾病也在增多。这种现象已经改变了亚洲的地理外貌。1997年以来，西藏北部有一个湖的水位每年都增加20厘米，造成草场和城镇被淹，居民不得不移居到海拔更高的地方。有时候，湖水突然溢出，流入河流甚至干枯的沟谷，引发致命性的洪灾。在尼泊尔，2003年山崩和洪灾导致350人死亡，1万户居民无家可归。

江河水量猛增的情况将有可能在亚洲持续几十年。冰川融化已经在印度、中国和孟加拉造成了很多起大型洪灾。有科学家称，去年亚洲河流的水量有70%来自冰川融化，比20世纪60年代多了10%。

另一个严重的问题是，冰川过度融化还造成了更多的水土流失。在中国，这个问题尤为严重。中国是世界上水坝最多的国家。由于泥沙淤积过度，水坝疏通的费用就相当高，给水利设施的运行带来巨大困难。例如，长江携带的沉积物之多在全世界河流中居第五位，如果水土流失过多，大型船只最终将无法通过它上面的一些水坝。

看得再长远一点，水灾将消失，但旱灾又会到来。科学家估计，青藏高原上60%的冰川将在21世纪末因融化而消失。到了2050年，亚洲大多数河流的水量就会减少。这一情况在某些地区已经出现。由于西藏东南的冰川融化过快，恒河支流的水量已经下降了40%。那些不注入大海的内陆河流和不汇入大河的河流面临着更严重的问题，它们会慢慢变干。现在，人们正往流量大的河流流域移民，但再过10～20年，这些河流的水量将减少，当它们最终干涸时，绿洲将不复存在，城市也会消失。我国科学家已经在用卫星监控水位上升的湖泊，一旦危险出现，将疏散危险区的居民。政府已经投巨资修建大型水库，以此避免洪灾，控制水量。

（来源：《环球时报》，2005）

25 冰河消融抬升阿拉斯加陆地

提起全球变暖，总会让人联想到海平面升高、沿海地区面临威胁的画面。但是在美国阿拉斯加州首府朱诺，气候变化带来的影响却与世界其他地方恰恰相反。随着冰河逐渐消融，这里的陆地正在不断抬升，海洋则随之回退。

从地质学上看，当重达数十亿吨的冰川消失后，减少了重量的陆地开始升高，就像一个人从椅子上站起来以后椅垫恢复形状一样。但陆地上升的速度太快，全球变暖造成海平面升高跟不上步伐。结果是海平面的相对海拔以“有记录以来最快”的速度在下降。

200多年前冰河开始大范围融化时，格陵兰和其他几个地方也经历了类似的现象，地质学者说，但这一效应在朱诺及附近地区更为明显，大部分冰河每年后退幅度达30英尺甚至更多。

这些地区因此面临着不同寻常的环境挑战。由于海平面相对陆地来说在下降，地下水位也在下降，河流和湿地随之干涸。陆地从水中浮现出来取代消失的湿地。融化的冰水将长久以来被冰河冲刷的沉积物带向海岸，浑浊了水域，淤塞了曾经能够通行的航道。

研究称，在200年时间内，该地区陆地相对海洋来说上升了多达10英尺。科学家们说，随着全球加速变暖，陆地还将继续抬升，到2100年再升高3英尺。

升高趋势也受到了地壳构造板块运动的进一步影响。随着太平洋板块在下面推挤北美板块，朱诺及其多山的通加斯国家森林还将抬升得更高。

“当你将地壳构造和冰川重组加以综合考虑时，你会得到令人费解的评估结果。”科学家莫尔尼亚说。在德波尔的地产所在地古斯塔夫斯，陆地每年抬升的幅度差不多为 3 英尺，莫尔尼亚说，这使它成为“北美海拔上升最快的地区”。

（来源：《中国海洋报》，2009）

26 冰盖消融可能导致地球重力场偏移

世界最大的冰盖之一——西南极洲冰盖的融解可能会改变地球的重力场乃至其自转情况，从而导致部分沿海地区的海平面升高趋势快于全球平均水平。其中将以美国西部及东部海岸的海平面上升速度最快，高出全球平均水平 25%，纽约、华盛顿、旧金山等城市将因此出现灾难性洪涝。

英国科学家研究了全球变暖形势下西南极洲冰盖的反映后发现，冰盖瓦解会导致地球重力场的中心偏移，这样一来海平面升高就会不成比例。而同全球其他地方相比，北美海平面将涨高得更多。如果覆盖西南极洲的冰盖消失，南半球质量大幅减少，则北半球的地心引力就会加大，从而对地球的自转产生影响，导致北半球海平面比南半球上升得更高。

西南极洲冰盖是世界三大冰盖之一，由于其基底大部分都依附于海平面以下的岩石，因此被认为天生具有不稳定性，即容易消融、瓦解速度相对较快，常被称作“沉睡的巨人”。“与世界上其他的大型冰盖比如东南极洲冰盖和格陵兰冰盖不同的是，西南极洲冰盖是唯一具有这种不稳定构造的冰盖”，英国科学家乔纳森 · 班博说，“有很多科研团体在观测冰盖坍塌的可能性，以及这样一起灾难性事件将给全球带来什么影响。但是，所有这些研究都假设冰盖融化会使海平面升高 5 米或 6 米。我们的计算显示，这些评估的规模太大了，时间尺度甚至长达 1000 年”。

研究显示，冰盖融化可能会导致全球平均海平面上升大约 3.3 米。不过，如果全球气温持续升高，冰盖会以多快的速度融化还是未知数。很多科学家相信这一过程最少需要 500 年甚至 1000 年。

“海平面升高模式是不受冰盖坍塌的速度或者数量约束的。即使很多年后海平面只因为冰盖消融上升了 1 米，北美海岸线的海平面升高幅度仍然会比全球平均水平多 25%”，班博说，“随着南极冰层质量减少、海洋水量增多，地球重力场

在南半球将减弱，在北半球则会增强，导致北半球海洋的海水溢涨”。

质量的重新分布同样也会影响地球的旋转，反过来使北美大陆和印度洋的水量增多。由于海洋受月球引力影响产生潮汐，全球海平面每天都在发生巨大变化。此外，地球重力场和地球自转出现的改变，也使各个地区的海平面各不相同。

全球平均海平面会随时间不断变化，这是全球变暖引起海洋热膨胀，以及冰盖和冰河消融造成海平面上升的结果。陆地的下沉和上升也会影响当地海平面的高度。陆地下沉就是导致英格兰东南部海平面升高的部分原因。

（来源：人民网，2009）

27 海洋面对气候变化挑战

海洋占地球表面积 71%，它能通过跟大气的能量物质交换和水循环等作用，吸收大量的二氧化碳，在调节和稳定气候上发挥着决定性的作用，被称为地球气候的“调节器”。但是，日益严重的气候变化也对海洋产生巨大影响，气候变暖会导致全球海洋酸化、海平面上升、海洋生态系统退化，海洋灾害频发。

科学家说，在过去 30 年，海水表面温度增加了 0.9℃，沿海海平面总体呈波动上升趋势；台风和风暴潮等海洋灾害频发；滨海湿地、红树林和珊瑚礁等典型生态系统损害程度均在不断加大。

国际社会已经把海洋确定为气候变化的重点领域。国家海洋局表示，未来中国将继续加强海洋气候变化观测和评估能力，建立和完善各种与气候变化密切相关的海洋灾害的监测、预警和信息发布工作，有效降低各类海洋灾害对沿海经济、社会和人民生命财产造成的损失。

（来源：《今日早报》，2011）

28 气候变化导致海洋变酸

德国波恩国际气候变化谈判中，来自全球的科学家警告说，海洋吸收更多的二氧化碳，将导致表层海水酸化度增加数倍，对海洋生态系统特别是贝类将构成更大的威胁。70 个国家科学院的“国际科学院组织”发表联合声明，敦促参加气候谈判的各方在制定新的应对气候变化国际框架时，应该更多地考虑海洋所面临的威胁。

联合声明指出，气候变化使海洋吸收的二氧化碳量不断升高，海洋酸化不仅改变了海洋的化学成分，而且破坏了海洋生物的生存环境，使它们的骨架、外壳等无法正常形成，珊瑚礁等也在腐蚀性环境中不断解体，“海洋酸化在未来数千年内都无法逆转，由此带来的生物学影响会持续更长时间”。70个国家科学院呼吁，为了避免海洋生态系统遭受严重损害，全球二氧化碳排放量到2050年必须比1990年时降低至少50%，而且之后还必须继续降低。

（来源：《科技日报》，2011）

29 海平面上升7米、25米、60米？

冰川融化，北极成为孤岛，继而世界第二大冰川——北极格陵兰冰川可能全部融化，海平面将上升7.5米。届时包括伦敦在内的世界许多沿海城市、一些低地国家的大片地区将被淹没，一些岛屿国家如马尔代夫等将消失。

这个预测结论似乎有些耸人听闻，究竟是怎么算出来的呢？格陵兰岛是地球上最大的岛屿，面积220万平方千米，有180万平方千米常年被冰雪覆盖，形成了格陵兰冰盖，冰盖的平均厚度达2300米。格陵兰岛上冰雪的总量约为300万立方千米，约占全球总冰量的9%，冻结的水量约等于世界冰盖冻结总水量的10%。经过计算，如果这些冰量全部融化，全球海平面将上升7.5米。

德国和英国科学家最近通过比较海平面变化和南极气温的历史数据推算，未来几千年即使大气中二氧化碳含量不变，气候变暖导致的冰雪消融也会造成海平面上升约25米。他们认为，目前全球气温、大气二氧化碳浓度和海平面变化之间的关系与上新世中期（距今约300万—350万年）的情况相似。当时大气中二氧化碳的浓度也达到了与现在较接近的水平，而当时的海平面则比现在高25米左右。按现在的气候趋势推算，未来几千年海平面可能会上升到上新世中期的水平，即比目前高25米左右。科学家强调，地质史显示，在气候剧烈变化情况下，有时100年内海平面就会上升1～2米甚至更多。

其实，这不算什么。南极洲接近99%的大陆面积都被冰原所覆盖，其平均高度高达海拔2500米。南极冰原的平均深度大约有2000米，已被测量的最深深度约4700米。南极洲拥有全世界91%的总冰量。如果全球变暖导致南极冰盖全部融化，海平面上升将超过60米。

（来源：新华网，2012）

30 全球变暖危及海洋生物生存状态

世界海洋变暖在导致海洋生物数量减少的同时，还会加剧全球气候变暖。美国科学家发现，发生这种情况的原因在于海洋中浮游植物的生长因海洋变暖而减缓。

科学家认为，浮游植物产量与全球气候密切相关。自1997年以来，美国宇航局卫星资料显示，1999—2004年间，随着全球变暖的加剧，海水温度逐渐升高，浮游植物产量则显著下降，每年损失约2亿吨。此前，浮游植物年平均产量为500亿吨。一些海域尤其是太平洋赤道海域，浮游植物减产情况更为严重，这期间产量下降了50%。

美国海洋学家大卫·希格尔说，从全球范围内看，浮游植物的生长同海洋变暖密切相关。海洋凉爽时，浮游植物生长速度要快些，变暖时则要慢一些。海洋中的食物链依赖于海水中无数浮游植物的生长，也就是说，浮游植物是海洋生物的食物基础。然而，卫星数据告诉人们，海洋变暖正在减少水中的浮游植物。有预测指出，在未来更加暖和的海洋中，浮游植物的生长将更加缓慢，这无疑将会减少鱼类和包括海鸟、哺乳动物在内的其他生物的食物供应，从而危及它们的生存状态。

此外，由于海洋中的浮游植物能减少大气中二氧化碳的含量，它们的减少意味着海洋“消化”温室气体能力在不断减弱，从而加剧全球变暖。科学家迈克尔·贝任菲尔德研究显示，随着气候变暖，浮游植物生长速度减缓，随之而来的是海洋植物消耗二氧化碳量减少，其结果是大气中二氧化碳量迅速增加，温室效应加快。

（来源：《科技日报》，2007）

31 全球变暖导致海洋“死亡区”扩大

受全球变暖影响，海洋低氧区面积正在逐渐扩大，已危及许多海洋生物的生存。海洋低氧区或缺氧区又被称为海洋“死亡区”，因为生物难以在低氧或缺氧状态下存活。此前研究发现，化肥、粪便和污水等排泄入海，为一些

受全球变暖影响，海洋低氧区面积正在逐渐扩大，已危及许多海洋生物的生存（图片来源：汇图网）

藻类提供了充足的养料，会刺激海藻疯狂生长。这与空气污染因素一起导致海洋中的氧被大量消耗，使海洋中形成低氧区甚至缺氧区。

德国和美国科学家进行的新研究发现，全球变暖会为海洋低氧区的形成“推波助澜”。过去 50 年，全球变暖已使中、东赤道大西洋和赤道太平洋的低氧区不断扩大。此外，墨西哥湾和其他一些海域最近几年也出现了低氧区。

科学家认为，海洋低氧区面积不断扩大的事实并不令人惊讶，因为研究早已表明全球变暖会导致海洋水温升高，而海水升温后溶解氧的能力会有所下降。他们指出，随着海洋低氧区不断扩大，海洋生物的生存空间减小，许多物种被迫离开深海栖息地前往含氧充足的海域，这意味着它们将不得不为争夺新的生存空间而展开残酷竞争。

德国科学家洛塔尔 · 斯特玛说，他们对海洋低氧区实地调查得出的结果，与此前的电脑模拟研究结果基本一致。但他也表示，海洋低氧区中存在很多复杂的生物和化学相互作用，还需要进一步深入研究造成海洋低氧区面积扩大的原因。

（来源：Science，2008）

32 全球变暖导致海洋沙漠扩张

海洋生物很难在海洋沙漠区域生存，然而受海洋水温逐渐升高的影响，海洋沙漠的扩张速度已超出了科学家的预测。海洋沙漠是海洋中贫瘠的区域，约占全球海洋面积的 20%，存在于亚热带环流（也被称为赤道两侧海域的永久旋涡流）。美国科学家发表的一项研究报告显示，与1998年相比，2007年太平洋和大西洋海洋生物稀少的盐水区增加了15%，海洋沙漠扩张了660平方千米。

这种海洋沙漠扩张的同时导致海水表面温度平均每年递增1%，相当于0.02～0.04℃。海水升温使海水不同水层屏障现象更加恶化，阻止深度海域的营养物质上升到达海洋表面向植物生命提供食物。美国海洋学家杰弗里说："事实上我们所发现的海洋低生物区域扩张化是亚热带环流受全球变暖效应影响所造成的。"

科学家使用美国宇航局"海星"卫星对全球范围内海洋生物生产率进行统计。海洋生物生产率是指海洋基础食物链中微生浮游植物所生成的叶绿素的数量。"海星"卫星统计显示，太平洋低生物生产率从中部向夏威夷延伸，大西洋低生产率主要集中于加勒比海延伸至非洲的海域，其扩展速度比太平洋更快。两个大洋的海洋沙漠总面积大约为5100万平方千米。

（来源：《中国海洋报》，2008）

33 北冰洋浮冰减少，浮游植物提前暴发

科学家指出，北冰洋海域的浮游植物暴发时间正逐年提前，这个趋势将为北极的生态造成不可估量的后果。美国、葡萄牙和墨西哥科学家通过三部美国和欧洲的气象卫星，追踪了1997—2009年间全球浮游植物的暴发情况。暴发期间，数十亿计的浮游植物个体在1～2周的时间内就能将大片海水染成绿色，卫星就是通过海水的颜色变化来追踪其数量变化的。

科学家承认，除了浮游植物之外，冰块和云层都可能干扰对海水颜色的观察结果。在排除干扰、获得有效数据之后，他们发现11%的海域出现了暴发提前的现象，而暴发晚于往年的海域只占1%。科学家指出，在20世纪90年代末，这些海域的浮游植物数量一般都在9月达到顶峰；2011年，多数海域的暴发时间有不同程度提前，其中的一些变化非常剧烈，比如位于格陵兰西北部的巴芬海，暴发时间已经提前到了7月初，相比14年前早了50天左右。

浮游植物是整个海洋食物链的基础。每当它们的数量增加，以它们为食的浮游动物，如磷虾和其他小型甲壳类动物也会大量繁殖。以此类推，捕食浮游动物的鱼类、贝类和鲸，以及捕食鱼贝类的北极熊、海豹，乃至鸟类，都在发生的变化不是一个孤立事件，而是关系到了附近所有海洋生物的生存繁衍。

海洋生态学家威廉 · 赛德曼指出，在许多动物的生殖周期中，觅食的时间都是固定的，因此在恰当的时候确保食物供应就成了头等大事。"一旦浮游

植物的暴发出现紊乱，就会在食物网中激起连锁反应，其影响将一直波及哺乳动物”。他担心这个事件将导致“整个食物网的崩溃”。

科学家注意到，海域中浮游植物的暴发模式和海冰在初夏的消融模式“惊人地相似”。浮游植物的提早暴发主要发生在浮冰减少、冰面出现缺口的海域，这使得海洋生物学家在两者之间找起了因果关系。马蒂·卡赫鲁指出，“2011年，北冰洋的浮冰比往年融化得早，浮游植物的暴发也比往年来得早。其中的趋势是显著的，我觉得这显然和浮冰的后退有关联”。

浮游植物的“错时暴发”究竟会对北冰洋的生物影响到什么程度？这个问题目前尚无法回答，因为迄今为止，科学家对北冰洋海域食物链的了解还相当有限。他们尚不能对这片区域的鱼类、海鸟、哺乳类的数量进行有效追踪，即便这些物种真的大幅减少也未必能及时通报。

（来源：Science Daily，2011）

34 全球变暖导致海水含盐量降低

澳大利亚海洋学家对1930—1980年间的有关资料与近年来在太平洋和印

全球变暖使南北两极冰雪融化，融化的冰雪流入大洋，导致海水含盐量降低（图片来源：汇图网）

度洋测试得到的数据进行对比发现，各个深度的海水温度均开始变凉，此外，在距海面 500 ～ 1000 米深处，海水含盐量也已明显下降。

澳大利亚科学家认为，这种现象是全球气候变暖造成的。首先，气温升高使南极和北极地区冰雪融化增加，融化的冰水、雪水流入大洋，导致海水含盐量降低和温度下降。此外，近年来，南极、北极及附近地区降雨和降雪量大幅度增加，这些降水落进海洋，也是导致出现上述现象的重要原因之一。

科学家特别指出，有关全球气候变暖的研究显示，大气温度的上升将会导致赤道地区水分大量蒸发和高纬度地区降水量增加，此次发现证实了这一科学推测，并进一步表明如果不立即采取有效措施减少温室气体排放，那么全球气候变暖将会对全球不同地区气候变化产生更为严重的影响。

（来源：《科学博览》，2012）

第五章 粮食与水安全挑战

气候变化已经对中国乃至全球粮食安全产生了重大影响。全球变暖带来干旱加剧、洪涝频繁，病虫害加重。同时，农业又面临布局和结构的重大调整及耕作制度的重大变化。未来全球农业生产的自然风险和不稳定性将明显加大，大范围严重饥荒出现的可能性增大。气候变化导致降水更趋极端化，高纬度地区变得干热，沙漠化扩大，冰川雪线进一步北退和缩小，暴雨洪水发生频率增大，这些气候异常变化对全球水安全提出了挑战。

01 全球变暖，农业受重创

英国科学家理查德·贝茨认为，现在国际社会的目标是在 21 世纪内将气温升幅控制不超过 2℃。但就目前情况而言，多个预测模型都显示气温升幅可能会在 21 世纪内达到 4℃。在最坏的预测中，甚至可能在 2060 年左右升温幅度就达到 4℃。这样一个变暖幅度将给许多地方的农业、水资源、人口迁徙等带来灾难性后果。

肯尼亚科学家菲利普·桑顿认为，撒哈拉以南非洲的农业将遭受严重打击，现有一些针对升温 2℃的应对措施不再有效，一些地方现有的农业系统会遭受难以挽回的重创，带来粮食安全问题。

英国科学家马克·纽说，全球水资源正在承受人口增长和气候变化的双重压力。现在的人口预测是到 2050 年突破 90 亿，随后可能缓慢下降，如果全球变暖过快，在升幅 4℃的预测图中，人口峰值与变暖峰值将出现重叠，水资源使用不堪重负。

美国《全球气候变化对美国的影响》科学报告称，纽约、佛蒙特州、新罕布什尔州、缅因州冬季雪天会减少一半，当地的酸果、蓝莓也可能就此消失，最大的农业经济乳畜牧业也会衰退；阿拉斯加在过去 50 年变暖的幅度是美国其他地方的两倍，很可能会出现干旱，发生山火的风险也会增加；美国西北地区积雪消融已经影响到农业生产，许多鲑鱼种类也受到了威胁，严重的倾盆大雨毁灭其他作物。农民将被迫使用更多的杀虫剂和除草剂以消灭外来入侵物种；阿巴拉契亚的奶产畜牧业将萎缩10%。

我国《气候变化国家评估报告》指出，“如不采取任何措施，到2030年中国种植业生产能力在总体上可能下降5%～10%。到21世纪后半期主要粮食作物小麦、水稻及玉米的产量，最多可下降37%”。当然，前提是“不采取任何措施”。

（来源：《中国环境报》，2010）

02 气候变化给拉丁美洲农业带来风险

气候变化给拉丁美洲地区的农业带来风险，玉米、豆类、木薯和其他重要的数百万拉丁美洲人需要的产品可能受到气候变化的严重影响。题为“在世界热带地区与气候变化有关的脆弱性和粮食安全的地图”的报告由国际农业研究咨询团提出，强调气候变化对热带地区的影响，指出由于地球升温到2050年农业地区将遭受更大的影响，成为“风险的焦点”，全球升温将威胁到粮食生产。风险最大的地区在非洲和印度，但是在拉丁美洲有两个大的脆弱点：一是墨西哥和中美洲，二是巴西的东部。

科学家们确定“气候门槛”风险区域，如气温升高将影响玉米或豆类的生产。如果作物良好条件的期限少于120天，玉米产量将受影响。墨西哥和中美洲是很脆弱的。问题之一是到2050年在很多地区没有雨，对作物有利的时间将少于120天，而这是大多数作物成熟所需要的时间。玉米在生长的各个阶段对干旱都很敏感。豆类则不能忍受过高的温度，需要凉爽的天气条件。

报告确定到2050年平均气温从不到30℃上升到30℃以上的地方。高于这个“门槛”，豆类的生产就会受到影响。巴西东部地区已经受到贫困和粮食不安全的影响，主要的问题之一是旱灾增加，一个有利的气候时期更短。在一些地区木薯的种植需要两年，生长120天，然后进入冬眠，仅在第二年才充满块茎。

为了确定脆弱的地区，科学家们在不同变数如贫困或对农业的高度依赖的基础上检查了地图，注意到一些气候模式，以及气候变化政府间机构做出的预测。报告特别提到南亚的广大地区几乎包括整个印度和撒哈拉以南的非洲地区，那里近3.7亿人遭受粮食不安全，他们居住的地区作物的季节可能缩短 5%。非洲南部的一些国家可能因此放弃玉米的种植，转而种植更能抗旱的作物。

与其他地区相比，拉丁美洲处于更好的地位，这不是因为气候变化对作物的影响更小，而是因为有更强有力的机构，贫困的水平更低，适应的能力更强。但在中美洲情况不是这样。那里贫困的水平较高。科学家认为，如果我们今后想避免严重的粮食安全问题，现在需要做出巨大的努力去适应气候的变化。

（来源：《中国气象报》，2009）

03 亚洲高山冰雪融化威胁粮食安全

喜马拉雅山及青藏高原地区冰川及积雪不断融化，威胁亚洲地区数百万人的粮食安全，其中巴基斯坦所受打击可能最为严重。荷兰研究团队研究了气候变化对亚洲 5 条主要河流的影响。这 5 条河流分别是流经我国西藏与巴基斯坦的印度河，流经我国西藏、印度东北部与孟加拉国的雅鲁藏布江，印度的恒河，中国的长江与黄河。这 5 条河流是 14 亿人口饮水及灌溉庄稼的来源，人口约占全球总人口的五分之一。

科学家称，全球变暖会导致喜马拉雅山及青藏高原地区冰川及积雪加速融化。但数据不足与测站等问题阻碍科研人员更加精确地测量气候变化对这些国家的影响程度、未来几十年受影响人口数字及对农作物的可能影响等。

这一问题对于各国政府评估相关问题带来的威胁至关重要，如水资源争端、大规模移民及其给投资者带来的政治风险等。此项研究的主要作者 Walter Immerzeel 及其团队仔细研究了冰雪融水对于每条河流的重要性，考察了喜马拉雅山及青藏高原地区的冰川变化，以及全球变暖对于来自上游地区水供应与粮食安全的影响。

科学家发现，冰雪融水对印度河流域及雅鲁藏布江流域非常重要，但对于恒河、长江及黄河的重要性一般。雅鲁藏布江与印度河流域最容易受气候变化所致的水流量降低的影响，威胁约 6000 万人的粮食安全，这大致相当于整个意大利的人口。中国黄河的情况似乎正好相反，气候变化可能会为黄河上游地区带来更多降雨，通过水库设施等，可用于下游农田灌溉。

（来源：网易探索，2010）

04 喜马拉雅冰川融化威胁南亚粮食安全

亚洲开发银行公布研究报告指出，喜马拉雅山脉的冰川融化及其他气候变化将对南亚地区超过 16 亿人口的饮水和粮食安全构成直接威胁。

报告说，阿富汗、孟加拉国、印度和尼泊尔这 4 个国家尤其可能受到冰川融化、洪水、干旱、不规律降雨等气候变化的影响，从而造成农作物收成减少。

报告指出，如果目前的气候变化趋势持续到 2050 年，南亚地区的玉米将减产 17%，小麦减产 12%，大米减产 10%。世界上几乎一半的赤贫人口生活在南亚地区，那里的农民很大程度上靠天吃饭，因此气候变化对他们的影响特别大。

报告提出了一些能够减轻气候变化对南亚地区农业不利影响的措施：加大对扩大灌溉面积和水资源管理的投资；建立从生产到市场销售的快速通道；加强农业技术研究和普及等。

（来源：大洋网，2009）

05 气候变化影响中国粮食安全？

中国粮食安全面临什么样的状况呢？ 1949—2011 年，中国粮食播种面积基本持平，粮食产量却增加了 4 倍。同时，粮食单产从 1949 年的 68.6 千克 / 亩提高到 2011 年的 344 千克 / 亩，也增长了 4 倍；粮食总产从 1949 年的 1132 亿千克提高到 2011 年 5712 亿千克，人均占有粮食由 209 千克提高到 426 千克。这说明中国粮食安全总体状况得到了改善。但是未来中国粮食消费需求刚性增长趋势不可逆转，但耕地和水资源对粮食生产的约束将日趋严重，全球变暖显著影响中国粮食生产的稳定性。因此，保障中国粮食安全的任务仍将十分繁重。

近些年极端天气气候事件频发，对农业生产造成了很大影响。气候变化对农业的影响有有利的一面，也有不利的一面。一方面要注意气候变化的趋势，通过充分利用气候资源，实现种植结构调整、增产增收，并增强防灾减灾能力。另一方面，要警惕气候变化带来的风险。例如，东北地区虽然近些年气温呈上升趋势，农作物生长期延长，对增产增收是好事，但是农业遭受冻害的风险反而加大。

气候变化对农业的不利影响主要表现在四方面。一是气候变暖导致极端灾害性天气多发、频发、重发。2008 年初，我国南方地区发生了低温雨雪冰冻灾害。2009 年春季，我国中部冬小麦主产区出现 30 年一遇的冬春连旱，局部地区旱情达 50 年一遇。2010 年春季，我国西南地区的云南、贵州、广西、重庆、四川等省（区、市）都遭遇大范围持续干旱，秋、冬、春连旱使云南、贵州等省部分地区遭遇百年一遇的特大干旱，干旱范围和强度均突破历史极值。二是气候变暖导致病虫害发生规律性变化。监测结果表明，与 20 世纪 80 年代相比，小麦条锈病越夏区的海拔高度升高了 100 米以上，发生流行时间提早半个月左右。南方小麦主发的赤霉病和白粉病也已经成为北方小麦的主要病害。近 10 年来水稻螟虫成灾的早发和高发，成为影响我国南方水稻高产最严重的病虫害。草地螟在北方则连年暴发。三是气候变暖影响种植制度。有关研究表明，气温每升高 1℃，水稻生育期缩短 7 ～ 8 天，冬小麦生育期缩短 17 天，直接影响单产水平。冬小麦的安全种植北界已由长城沿线向北扩展了 1 ～ 2 个纬度。华北地区冬小麦正由冬性向半冬性过渡。四是气候变化会加剧农业水资源的不稳定性和供需矛盾。未来气候变暖，中国虽有部分地区可能有降水增加，但由于水分蒸发量增大，最终使土壤水分减少。气候变暖及降水量的减少将使土壤表层干燥，风蚀沙化过程加速，干旱发生频率和强度增加，加重土壤侵蚀和沙化趋势。农田土壤沙化会引起土壤有机质大量损失，农田土壤肥力的不断下降，导致土壤贫瘠。气候变暖还常常导致农药、化肥施用量增加及粮食生产成本上升等问题。因此，气候变化对中国粮食生产的影响涉及作物单产、品种改良、作物种植制度、作物区域布局、病虫害迁移等各个关键环节。

气候变化对粮食生产产生的种种有利和不利影响，相互作用，相互交织，在时间和空间上呈现错综复杂的现象和结果。因此，迫切需要我们组织农业气象、农业资源、作物育种、农业经济、农业生态等多个学科、多个领域的科研人员，围绕气候变化与粮食安全的各个环节开展基础性、战略性、前瞻性研究，为保障国家粮食安全提供战略决策支持。气候变化使中国未来农业可持续发展面临三个突出问题，一是使农业生产的不稳定性增加，产量波动大。气候变化对中国作物生产和产量的影响，在一些地区是正效应，在另一些地区是负效应，对产量的影响可能主要来自于极端气候事件频率的变化。二是带来农业生产布局和结构的变动。气候变暖一方面将使中国作物种植制度发生较大的变化，另一方面将使中国主要作物品种的布局发生变化。三是引起农业生产条件的改变，农业成本和投资大幅度增加。气候变化将改变施肥量，将不得不施用大量的农药和除草剂。

（来源：人民网，2011）

06 气候变暖改变农作物品种结构

全球气温的迅速上升会迫使一些地区的农民选择新作物品种，美国科学家发布研究报告说。到2050年，玉米和高粱等非洲主要作物生长期的环境温度会比现在更高，届时对于大部分非洲农民来说，气候变暖幅度已超出了他们个人经验所能应付的范围，因此，他们需要种植更耐热的作物品种，才能适应这一变化。此外，随着气候变暖，一些国家的农民将不得不对祖祖辈辈一直耕种的作物进行调整，比如说普遍以玉米来代替高粱等。

不过这项研究报告指出，未来农民可以通过改变种植时间和使用经过基因改良的作物品种来应对气温上升。报告提醒说，如果非洲国家的种子资源得到改善，很多国家就可以种植已经在非洲高温地区生长的改良品种，从而有效应对气候变化。然而更耐热的作物品种的培育需要10年甚至更长的时间，而非洲国家本身普遍缺少抗热抗旱作物种子资源，并且非洲农民普遍缺乏资金培育或种植新作物品种。报告因此呼吁国际社会对非洲国家和当地农民予以资助。

美国农业经济学教授理查德 · 亚当斯指出，“如果你只是研究农业经济模型，将气候条件调整为更加炎热、干燥，农作物的产量当然会下降。但如果你是一个农民，当察觉农作物生长欠佳时，自然会改种更能耐热的品种”。

（来源：《科学时报》，2009）

07 气候变化加剧土壤盐渍化

气候变化对土壤环境带来的不良影响已经显现。科学家研究发现，气候变化不仅加剧土壤盐渍化危害，也影响到农业的水资源分配。这一研究结论对于应对气候变化、恢复和重建退化土壤、提高土壤质量、合理分配水资源具有重要参考价值。

随着全球变暖我国宁夏引黄灌区土壤全盐含量呈明显的增加趋势。研究发现，在1973—2008年近35年间，宁夏引黄灌区轻盐化土壤、中盐化土壤和重盐化土壤全盐分别增加了0.08、0.13和0.19克/千克。调查显示，当温度增加0.5～3.0℃时，宁夏引黄灌区轻盐化土壤、中盐化土壤和重盐化土壤所需的灌水量分别增加8.2%～9.1%、8.2%～8.7%和8.3%～8.8%，总灌水量增加1.29亿～1.40亿立方米。温度是加速土壤有机碳矿化作用的主要驱动因素之一，气候变暖加快了土壤有机碳矿化速率。全球气候变化不仅仅是温度的变化，可能还伴随着降水的变化，引起一系列土壤物理、化学和生物反应的变化。

全球盐碱土壤面积约为9.6亿公顷，我国约有1.0亿公顷。黄河河套地区有灌溉农田100万公顷，但1/3以上存在不同程度的土壤盐渍化问题。宁夏引黄灌区有耕地42.21万公顷，其中盐化土壤面积20.96万公顷，占耕地总面积的49.7%。气候变暖加剧了土壤水分蒸发，带动土壤盐分向上移动，引起耕作层土壤盐分增加，导致土壤盐碱危害加剧。盐碱土壤中的作物比非盐碱土壤中的作物需要消耗更多的能量，会降低作物的生长速率和作物产量。土壤盐渍化已经严重影响和制约该地区的生态环境和农业可持续发展。

（来源：肖国举等，2010）

气候变暖加剧了河套平原土壤盐渍化
（图片来源：肖国举摄影）

08 气候变暖扩大作物病虫害发生范围

气候变暖导致农业病虫害地理分布扩大。气候变暖拓宽了农业病虫害的适生区域，导致地理分布扩大。温度是限制病虫害特别是虫害在地球上分布的主要因子之一，温度升高为标志的气候变暖必然对虫害的地理分布产生重要影响。昆虫地理分布的变化意味着当地主要害虫的种类组成和群落结构发生根本变化，害虫的防治技术体系也应进行调整。气候变暖导致昆虫向两极和高海拔地区扩展。气候变暖使受低温限制的昆虫增加了向两极和高海拔扩散的机会。1960—2000年，由于温度升高，日本主要水稻害虫稻绿蝽的分布北界从日本和歌山北移至大阪，向北移动了70千米。由于受限于冬季最低温，桔小实蝇目前主要分布在非洲南部、中美洲等热带和亚热带地区，在气候变暖情境下，向美国南部、欧洲地中海南部等温带地区扩展。黑腹果蝇的耐热种群在澳大利亚东部沿海地区分布提高了4个纬度梯度。气候变暖导致海温与海平面升高，栖息于海藻深处的海藻可能偏向更北部与西部的挪威与苏格兰分布。

气候变暖加快昆虫的生长发育，导致昆虫发生期提前。温度是决定昆虫生长发育速率的最重要的因子，气候变暖能加快昆虫各虫态的发育，导致其首次出现期、迁飞期及种群高峰期提前。欧洲科学家率先以蝴蝶、蚜虫、蜻蜓、蜜蜂等常见且在农业生产或生物多样性保护中重要的昆虫种类为对象，开展了气候变暖对昆虫发生期影响的研究。由于春季温度升高，西班牙地中海盆地西北部19种最常见蝴蝶中有17种蝴蝶首次出现时间提前，小赭弄蝶、琉璃灰蝶等5种蝴蝶首次出现期提前了7～49天，暗脉菜粉蝶等8种蝴蝶种群高峰期提前了7～35天；英国35种主要蝴蝶中约有

气候变暖拓宽了农业病虫害的适生区域，加剧了危害程度（图片来源：汇图网）

30种首次出现期与种群高峰期提前2～10天。在荷兰的蜻蜓和豆娘等37种蜻蜓目昆虫的成虫发生期（起飞期），以及西班牙的意大利蜜蜂与菜粉蝶的首次出现期均随着当地春季气温升高而提早出现。近20年来，小麦蚜虫在华北地区的严重发生，无不与气候变暖有关。玉米生产遇到的最大虫害——玉米螟，在我国吉林省发生一代或者有不完全的第二代，气候变暖导致温度升高，就变成二代了。以前的第二代不需要防治，气候变暖条件下就需要对第二代进行防治了，因此，气候变化对农业生产中的病虫害防治影响会很大。

气候变暖会改变昆虫、寄主植物和天敌之间的物候同步性，打破原有生态系统平衡。一种害虫和其他害虫存在的竞争关系，天敌昆虫与其赖以生存的害虫之间的寄生关系和捕食关系，以及不同生物种类之间的共生关系，都是长期进化后构成生态系统平衡的很重要的因素。气候变暖对这些关系的同步性造成影响，从而改变了原有生态系统的平衡。例如，卵寄生蜂的成虫发生期必须和害虫的产卵时期相同步，由于气候变暖引发害虫和天敌可能出现不同步现象，从而导致虫害的暴发。

面对气候变暖带来的病虫害防治问题，科学家提出对农业病虫害要提前防治；从调整种植结构上减少易发生病虫害作物的面积；在作物品种方面，要培育抗病品种；对易定植区域，在引入品种上要严格控制。同时，气象和农业等相关部门在病虫害观测上要进行联动，进行有针对性的预警，从而有效防止病虫害大面积暴发。

（来源：人民网，2010）

09 香蕉将可能取代土豆成为人类主要食物

受到气候变化的影响，香蕉将来可能会在发展中国家取代土豆，成为人类的主要食物来源之一。玉米、大米和小麦是人类重要的能量来源，这三种作物将在许多发展中国家减产。

科学家菲利普·索顿认为，香蕉可能成为土豆的替代品。研究结果显示，土豆适宜生长在凉爽的环境下，而未来高温多变的天气会影响土豆的种植。作为应对措施，人类可能需要在高海拔地区种植香蕉。

联合国世界食品安全委员会邀请专家团队评估了气候变化对全世界22种重要农产品的影响。研究显示，种植传统作物会变得非常困难，而人们为了适应环境，可能不得不改变饮食习惯。

土豆是发展中国家的主要食物来源（图片来源：汇图网）

受气候变化的影响，香蕉可能取代土豆，成为人类的主要食物（图片来源：汇图网）

玉米、大米和小麦是人类重要的能量来源，受气候变暖影响，这三种作物将在许多发展中国家减产。而木薯可以用来代替种植受限的小麦。蛋白质也有压力。大豆一直是人类获取蛋白质的主要途径之一，也面临减产的局面。研究发现，豇豆可以在高温干旱的情况下种植。虽然豇豆在非洲受到歧视，被称为“穷人的肉食”，但是将来可能要广泛走上百姓餐桌。

科学家布鲁斯 · 坎贝尔表示，气候变化已经改变了人类的饮食习惯。他说，20 年前在非洲一些地方根本没有人吃米，而现在大米价格低廉，烹调起来也很简单，他们转而吃米了。将来也会出现类似的变化，产生变化的可能性非常大，这可不仅仅是疯狂的想象。

（来源：人民网，2012）

10 中国耕地面临重金属污染的风险

近年来，伴随我国工业化的快速发展，土壤不断遭到各种污染的伤害。目前，我国土壤污染呈日趋加剧的态势，防治形势十分严峻。我国土壤污染严重，日益加剧的污染趋势可能还要持续30年。这些污染包括随经济发展日益普遍的重金属污染、以点状为主的化工污染、塑料电子废弃物污染及农业污染等。国土资源部统计表明，目前全国耕种土地面积的10%以上已受重金属污染。华南部分城市约有一半的耕地遭受镉、砷、汞等有毒重金属和石油类有机物污染；长三角有的城市连片的农田受多种重金属污染，致使10%的土壤基本丧失生产力，成为“毒土”。

每年因土壤污染致粮食减产100亿千克。污染的加剧导致土壤中的有益菌大量减少，土壤质量下降，自净能力减弱，影响农作物的产量与品质，危害人体健康。许多土壤污染地区已超过土壤的自净能力，没有外来的治理干预，千百年后土壤也无法自净，有的地块永远都无法自净，甚至出现环境报复。长江三角洲主要农产品的农药残留超标率高达16%以上，致使稻田生物多样性不断减少，系统稳定性不断降低。

土壤质量下降，使农作物减产降质。重金属污染的增加，农药、化肥的大量使用，造成土壤有机质含量下降，土壤板结，导致农产品产量与品质下降。农业部门表示，由于农药、化肥和工业导致的土壤污染，我国粮食每年因此减产100亿千克。环保部门估算全国每年因重金属污染的粮食高达1200万吨，造成的直接经济损失超过200亿元。

重金属病也逐渐开始出现，人们身体健康和农业可持续发展构成严重威胁。汞、镉、铅、铬、砷五种重金属被称为重金属的“五毒”，严重影响儿童发育，使人致病、致癌，危及人体生命健康。20世纪70年代，日本曾出现“痛痛病”，是镉对人类生活环境的污染而引起的，影响面很广，受害者众多，所以被公认为是“公害病”。潘根兴教授在全国各地市场上进行的调查显示，约有10%的大米存在重金属镉超标。他说：“这些镉米对自产自食的农民来说无疑是致命的风险。”令人担忧的是，一些“痛痛病”初期症状已开始在我国南方部分地区出现，“土壤污染导致的疾病将严重威胁人类健康和农业可持续发展，最终危害中华民族的子孙未来”。

（来源：《经济参考报》，2012）

11 气候变化对粮食安全具有多重影响

中国西北地区作为全球气候变化的敏感区和生态环境脆弱区，农业受气候变化的影响更加显著，粮食和食品的安全性更加脆弱。近半个多世纪以来，西北地区气候经历了高温、干旱、暖冬等一系列变化，未来西北地区气候仍将持续变暖，正在或将要对西北地区土壤环境、雨水资源利用和痕量元素利用等农业生产条件及粮食和食品安全产生重大影响。

土壤环境不断恶化。气候变暖对西北地区土壤环境的影响是多方面的：第一，加快了微生物对土壤有机质的分解，造成土壤肥力下降；第二，土壤环境中各种离子交换过程趋于活跃，土壤污染不断加剧；第三，加剧了土壤水分蒸发，带动土壤盐分向上移动，导致土壤盐渍化；第四，加快了土壤有机碳矿化速度，引起土壤物理、化学和生物反应的一系列变化；第五，影响了岩石的化学风化和硅酸盐的风化速度，改变了土壤形成过程。

雨水资源利用率下降。气候变化对雨水资源利用效率的影响非常显著，即使未来全球气候变暖控制在 2.0 ~ 2.5℃以内，作物水分利用效率也将出现下降趋势，豌豆水分利用效率将下降 4.3% ~ 33.3%，春小麦—马铃薯轮作系统作物水分利用效率将下降 3.0% ~ 12.4%，这会使农业生态系统的抗旱能力减弱。

痕量元素利用率降低。气候变暖能够通过对土壤微生物活动及对植物生长速率、光合作用速率和细胞中酶活性等影响，改变西北地区土壤中痕量元素的溶解性，引起作物富集水平下降，并直接导致痕量元素生物利用率降低，从而影响粮食作物的营养成分的形成。

粮食产量下降。气候变暖将使作物光合速率明显下降，生育期显著缩短，严重影响作物产量的形成。研究发现，如果增温 2.0℃左右，灌区的春小麦全生育期将缩短 18 ~ 22 天，产量将减少 16.5% ~ 18.5%；雨养区的豌豆生育期将缩短 3 ~ 17 天，产量将减少 6.3% ~ 17.5%；雨养区的春小麦—马铃薯轮作系统作物生育期将缩短 11 ~ 42 天，产量将减少 3.2% ~ 9.4%。

食品营养性降低。气候变暖不仅与西北地区作物病虫害密切相关，而且还会改变农业生产过程的化肥和农药投入量，影响农作物对痕量元素和重金属元素的吸收过程。在未来气候变暖的形势下，作物害虫和病害将加重，作物痕量元素和重金属元素含量将失调。这将直接导致食品营养水平降低。

（来源：张强等，2012；肖国举等，2012）

12 黑土地消失危及中国粮仓

黑土层变薄，是指黑土地的有效耕层变薄，直接导致支撑粮食产能的有机质含量降低，土壤肥力下降。然而农业科技进步和高产作物增加作用下的粮食增产，在一定程度上“掩盖”了黑土层日渐变薄、耕地质量下降的严峻现实，导致农民和相关部门放松对耕地质量的保护。科学家建议，应尽早完善耕地质量建设法规，扩大保护性耕作技术应用，用最小代价守住我国最大“粮仓”的产粮之本。

作为世界三大黑土区之一，东北黑土区总面积约3523.3万公顷，分布在我国黑龙江、吉林、辽宁省和内蒙古自治区境内，粮食年产量约占全国五分之一，是我国重要的玉米、粳稻等商品粮供应地，粮食商品量、调出量均居全国首位。

我国科学家联合调研形成的“东北黑土资源利用现状及发展战略研究”指出，东北黑土地初垦时黑土厚度一般在60～80厘米，开垦20年的黑土层则减至60～70厘米，开垦70～80年的黑土层只剩下20～30厘米。

“新中国成立初期，黑龙江省黑土层大都1米多厚，现在找半米深的都难了，水土流失严重地区只剩下表皮薄薄一层，颜色也由黑变黄。”科学家感慨道。形成1厘米的熟化黑土层大约需要50年，半米就得上千年，而现在东北黑土区平均每年流失0.3～1厘米的黑土层。如果不及早治理，部分黑土层或将在几十年后消失殆尽。

黑龙江省土肥管理站对耕地检测显示，1982年第二次土壤普查到2007年的25年间，耕地土壤有机质已相对下降两成，严重地区下降六成。“黑土层变薄，就是指黑土地的有效耕层变薄，直接导致支撑粮食产能的有机质含量

东北黑土地黑土厚度由60~80厘米下降至现今的20~30厘米（图片来源：汇图网）

降低，土壤肥力下降。”科学家断言，这势必影响我国粮食安全。

（来源：经济参考报，2012）

13 有机农业能养活全球90亿人？

在全球温带气候地区，农业挤占了70%的草地，50%的草原及45%的森林。农业是导致热带森林被肆意砍伐的主要原因，是温室气体排放的重要来源之一。农业开采不可再生的地下水资源，并造成水污染。从20世纪起，化肥在农业中的应用养活了急剧膨胀的人口。为抑制农业对环境的影响，同时生产出更多的健康食品，有些农民转向所谓的“有机农业技术”。有机农业通过避免使用合成化肥、化学杀虫剂和激素，或对牲畜少用抗生素等，旨在减少对环境和人体健康造成的不良影响。

现在的人口预测显示到2050年突破90亿，随后可能缓慢下降。那么有机农业能养活全球90亿的人口吗？为了给这场激烈的争论寻求到明晰的答案，加拿大和美国环境科学家们对34种农作物进行了传统种植和有机种植研究。“总体上有机种植的产量明显比传统种植要低”，维蕾娜 · 西尔费特说，“但是产量差异也会因条件的改变而不同。例如当农民使用最好的管理技术时，有机农业体系的产量相对会高一些。”有机农作物产量增减不一。果树苜蓿等减产，谷物西兰花等增产25%。具体来说，有机种植的作物，如苜蓿和菜豆等豆科作物在雨水充足的情况下，产量仅比传统种植的低5%；果树等多年生植物也是如此。但是主要的谷类作物，如玉米和小麦，还有西兰花等蔬菜，比传统种植产量则要高25%以上。

有机种植增加产量最关键的限制因素似乎是氮肥。大剂量的合成化肥能满足农作物生长时期的对氮元素的大量需求，优于有机种植使用的释放氮元素缓慢的混合肥、粪肥或者固氮作物。“要解决氮肥这个限制性的因素，同时增加产量，有机种植的农民应该使用最好的管理技术，为作物提供更多有机肥料，或者选种豆类作物或多年生作物”，西尔费特说。

不管通过什么方式促进有机农业发展，增加产量的关键都是要掌握更多的知识。传统农业要求农民平衡好向田地中投入的东西，即农民所说的合成化肥、化学杀虫剂。有机种植则不同，农民必须学习管理整个生态系统，用生物技术来控制害虫，用动物粪便给土地供肥，甚至嵌套种植农作物。“有机农业是一种知识密集型的种植体系，”西尔费特特别提到。选择有机种植的农民“需要适时地创造肥沃的土壤环境以满足作物生长”。

（来源：《科学美国人》（易网探索），2012）

14 “北大荒”变“北大仓”，全球变暖有功？

“黑龙江是全球气候变暖受益最大的中国省份之一”。2008年6月14日，在哈尔滨召开的首届东北亚区域合作发展国家论坛上，黑龙江省社会科学院院长曲伟语惊四座。但这种说法，其实毫不夸张。

在把“北大荒”建设成“北大仓”的过程中，全球变暖“功不可没”。气候变暖，尤其是冬暖突出，使冬小麦在黑龙江的种植成为可能。现在黑龙江省已有17个县市具备种植冬小麦的气候条件，最北可延伸至克东和萝北等北部地区，这一界线与我国20世纪50年代所确定的冬小麦种植北界（长城沿线）相比，北移了近10个纬度。

气候变暖对黑龙江农业最大的贡献，还要体现在水稻的种植上。对位于寒冷地区的黑龙江来说，升高的温度就意味着更多的热量和更长的生长期，而这些因素都可以促进水稻生长发育，提高产量。20世纪90年代气候变暖对黑龙江水稻单产增产的贡献率达23.2%～28.8%，相当于在80年代的单产水平上增产9.9%～12.3%；20世纪70—90年代，气候变暖对黑龙江水稻单产增加的贡献率高达19.5%～24.3%。更重要的是，越来越温暖的气候使水

“北大荒”变成“北大仓”，全球变暖“功不可没”

（图片来源：汇图网）

稻适宜生长的最高纬度纪录被不断改写，水稻的种植北界已经移至北纬52°的呼玛等地，黑龙江水稻的种植面积明显扩大。现在提到黑龙江出产的粮食，人们第一时间都会想到大米，而在20多年前小麦还是这里最主要的粮食作物。在黑龙江，水稻的种植面积和产量超过小麦都是发生在20世纪70年代末至80年代初。

这样的事也发生在东北的其他地区。吉林省水稻、玉米的种植面积和产量都有了大幅度提高；辽宁省农作物品种由中早熟型向中晚熟型发展，冬小麦种植北界北移了3次约500千米。气候变暖对整个东北地区粮食总产增加都起到了实实在在的作用，而且东北地区粮食生产对增温还有适应的潜力。

（来源：中国经济网，2009）

15 “金砖四国”承诺将加强农业合作

“金砖四国”（巴西、俄罗斯、印度、中国）首届农业部长会议，2010年在莫斯科举行。四国部长重点就共同应对全球粮食安全、减缓气候变化对农业的影响、加强信息和农业科技交流与合作等问题交换了意见，并共同签署了《“金砖四国”农业和农业发展部长莫斯科宣言》。

四国部长在会议上一致认为，“金砖四国”人口和耕地面积分别占世界的42%和35.6%，在全球有着重要影响。近年来，四国政治互信提高、人员交往频繁、务实合作深入发展，为促进经济稳定发展起到了积极作用，成为应对国际金融危机、推动全球经济复苏的重要力量。

“金砖四国”农业各有特点，互补性强。加强四国农业合作对保障全球粮食安全和农业稳定发展，消除贫困，实现联合国千年发展目标具有重要意义，部长们表示愿共同努力为应对全球粮食安全危机和气候变化挑战等作出更大的贡献。

会议确定了“金砖四国”近期农业合作的重点领域，主要包括建立四国农产品生产、消费和人口增长的信息交流机制；分享在粮食生产和公共采购方面的经验，更好地制定保障最弱势人群食物供给战略；减少气候变化对粮食安全的负面影响，使农业生产更好地适应气候变化；加强农业科技和创新等。

同时，四国部长还呼吁国际社会按照共同但有区别的责任原则尽快建立有效的技术转让和推广机制，实现技术共享，确保广大发展中国家买得起、用得上环境友好型技术。发达国家应向发展中国家提供应对气候变化的技术和资金援助，发展中国家则要积极采取促进可持续发展的各项措施，为应对气候变化付出努力。

（来源：新华网，2010）

16 气候变化带来水资源危机

当今世界许多河流的水量正在减少，而水源充足的地区，如美国中西部，水量却越来越多。美国科学家凯文·特伦贝斯表示："全球水资源两极分化严重，水资源充足的地方水越来越丰富；水资源紧缺的地方水越来越贫乏。"全球范围内，降水缺乏的严重情况远超过水资源总量。

美国科学家对50多年来925条河流的水流情况进行了调查，发现河流中约1/3的大型河道发生了巨大变化，这些河流流域的降水有所减少，进而河流汇入海洋的水量也有所下降。举例来说，1948—2004年间，河流汇入太平洋水流减少量相当于密西西比河河口流入的水量。而在为密苏里河、俄亥俄河和密西西比河提供补给的大盆地，该地区降水50多年间却有所增加。但这个地区同时也出现异常的自然现象，先是出现旱灾，接着是洪涝，之后又是干旱。

科学家认为，这些现象的出现与人类活动有关，比如将河流的水改道引入城市、农场等。这种人为的引水改道做法已经造成科罗拉多河的枯竭。过去，科罗拉多河曾经是美国大峡谷中水花翻滚的激流。现在，当其流入美国—墨西哥边境时，却只剩下涓涓细流。

尽管如此，科学家们仍然认为人类活动并非是造成上述现象的主要原因，气候变化的影响更大。随着大气变暖，海洋上空会聚集越来越多的水蒸气；这意味着在原本干旱地区的情况会变得越来越糟。目前海洋上空水蒸气凝结量比1970年平均高出4%。全球变暖的趋势使得更多的水蒸气存留在了大气中。

报告显示，50多年间流入太平洋的淡水量减少了6%。在大西洋，亚马孙河流域水量的减少，而由密西西比河及南美巴拉那河水流弥补。同时，西北哥伦比亚河获得的水流量也减少了14%，主要是因为降水量下降和城市、农业供水增加。

（来源：人民网，2009）

17 气候变化加剧水资源供需矛盾

全球气候变化水资源造成了多方面的影响，加剧了水资源问题的复杂性。气候变化引起水资源分布变化。近 50 年，特别是 1980 年以来，我国各大江河的实测径流量多呈下降趋势，其中海河流域 1980 年以后减少了 40% ～ 70%；黄河中下游地区的径流量显著减少，黄河、长江流域上游河源地区的径流量也有减少的趋势。据分析，未来 50~100 年，我国多年平均径流量西北地区将会进一步减少，水资源分布会更加不均。西北高寒山区冰川萎缩，导致主要依靠冰川补给的河流年径流不断减少，对生态环境将产生重大影响。

20 世纪 80 年代以来，我国华北地区持续偏旱，京津地区、海滦河流域、山东半岛等连续 10 多年平均降水量偏少 10% ～ 15% 或其以上；20 世纪 90 年代以后，干旱区从黄淮海地区继续向西北、西南、东北方向扩展，黄河中上游的陕甘宁地区、汉江流域、淮河上游、四川盆地及辽河流域的平均年降水量也偏少 5% ～ 10% 甚至更多。我国西北地区干旱影响程度更加严重。干旱缺水影响呈扩大、加重趋势，部分地区大旱程度之烈、持续之久历史罕见，不但给农业生产带来很大困难，而且对居民用水、工业生产和生态环境产生严重影响。气候变化加剧水资源供需矛盾。

20 世纪 90 年代以来，我国先后发生了 1991 年江淮大水，1996 年海河南系大水，1998 年长江、松花江和闽江大水，2003 年淮河、渭河和汉江大水，2005 年淮河和汉江大水，2007 年淮河又发生了流域性大洪水。1990—2005 年，全国年均洪涝灾害损失达 1100 多亿元。近几年，许多地区还频繁遭受热带风暴潮的袭击，一些地区滑坡、泥石流等山洪灾害频发，严重威胁着人民群众的生命财产安全；2007 年，重庆、南京、济南等大城市发生了局地强暴雨灾害。随着气候变暖趋势的加剧，我国西北干旱等极端天气灾害事件突发更加频发，造成的损失更加严重。

全球变暖对水生态和环境的影响主要表现在湿地减少和海平面上升等沿河沿海生态系统的改变上，同时加重了西部生态脆弱地区干旱荒漠化程度，导致水土流失加剧。由于气候变暖和人类活动的影响，西北许多河流断流现象严重，一些湖泊萎缩消失，水库蓄水减少，湿地功能下降，河道水体污染加剧。沿海由于海平面上升引起海岸侵蚀、海水入侵、土壤盐渍化、河口海水倒灌等问题。所有这些都表明，气候变化对我国水资源的影响日益彰显，并有不断加重的趋势。

（来源：新华社，2012）

18 全球变暖影响水资源利用

全球气候变化吸引了人们的极大关注，与此同时，一个同样紧迫的问题——地球上清洁淡水资源短缺现象正日益突出。在一些地区，水资源变得越来越稀缺，不仅威胁到人们的生产、生活，而且可能成为引发新的国际冲突的根源。正如为了争夺石油这种越来越稀缺的资源而引发战争一样，水资源的稀缺同样可能导致一些国家间发生摩擦。

20 世纪，伴随着人口的增长，全球水的消耗量上升了约 7 倍。到 2050 年，全球人口预计将增加 30 亿，为此需要增加 80%的水资源供应才能满足需求。近年来，一些国家居民日常饮食中肉类和奶制品的消费比重有所增加，而生产 1000 克肉类的耗水量大概是 1000 克谷物的 5 倍。因此，生活方式和饮食习惯的变化也增加了水资源的需求。

科学家们认为，全球气候变化将导致全球水文循环发生变化。虽然目前还不能确定全球气候变化会对水资源产生哪些影响，但是科学家们预计它可能导致诸如干旱、洪水等极端天气现象更为频繁，从而给水资源利用和管理带来新的挑战。

世界银行发表的一份关于水资源状况的报告指出，目前全球已有约 20 亿人口生活在水资源紧张的地区，而到 2030 年全球将有 1/3 的人口分布在水资源高度紧张的地区。报告预计，在未来 20 年内，全球范围内对水资源的需求将增加 40%，一些发展中国家的需求可能增加 50%以上。

农业生产是水资源消耗的大户，约占一些国家全部水资源消耗的 70%。因此，农业领域节水潜力巨大。更好的农业灌溉系统，例如，从漫灌发展到滴灌，能够减少大量的水资源消耗。

森林砍伐及土壤沙化导致集水层遭到破坏，严重影响水的供应。地下水资源的过度开采也影响水资源的可持续利用。因此，强化森林和土壤保护，以及制定科学的地下水利用政策，也是有效管理水资源的重要方面。

为弥补未来水资源需求的巨大缺口，必须对水资源进行更科学的管理和规划，减少水资源需求或浪费。提高农业生产力和减少粮食生产耗水量、提高城市供水管网和灌溉系统的效率、改善基础设施等。此外，政府部门实施鼓励节水的政策、调动私营部门和公众的积极性也很重要。

总之，水资源短缺将是未来人类发展面临的重大挑战之一。面对水资源日益匮乏的形势，急需把水资源的科学管理战略与发展计划结合起来，从而为经济和社会发展提供强有力的保障。

（来源：人民网，2010）

19 气候变化影响作物水分利用效率

中国西北地区自然环境条件较差，气候对农业生产的约束性很强，气候变化对农业生产的不利影响非常突出。科学家警告，近几十年我国西北地区农业生产的良好发展形势似乎掩盖了气候变化给粮食安全带来的挑战，对此必须提高警惕，

从未来发展趋势看，西北地区整体暖干化趋势更加明显，干旱灾害发生频率将继续增加，冰雹、暴雨和干热风等危害将不断加剧，农业生产的灾害损失将明显加重。气候变暖还将直接影响作物种植、农业生态稳定性和病原菌传播及痕量元素和重金属元素的吸收等多个方面。气候变化对农业生产的不利影响将会日益凸显，对农业生产带来的约束和威胁也将会进一步加大。

目前，耕地和水资源等农业生产要素的刚性约束愈加突出，以及生产力发展空间十分有限的背景下，由于气候变化带来的农业产生风险和不利影响不断加剧，因此，西北地区粮食持续稳定增长的难度将逐步加大，粮食产量和品质下滑及食品安全程度降低的可能性正在增大，粮食和食品行业将变得更加脆弱，对粮食和食品安全提出了严峻挑战。

近半个多世纪以来，西北地区气候经历了高温、干旱、暖冬等一系列变化，未来西北气候仍将持续变暖。气候变化对雨水资源利用效率的影响非常显著，即使未来全球气候变暖控制在 2.0 ～ 2.5℃以内，作物水分利用效率也将出现下降趋势，豌豆水分利用效率将下降 4.3% ～ 33.3%，春小麦—马铃薯轮作系统作物水分利用效率将下降 3.0% ～ 12.4%，这会使农业生态系统的抗旱能力减弱。

气候变暖将使作物光合速率明显下降，生育期显著缩短，严重影响作物产量的形成。研究发现，如果增温 2.0℃左右，灌区的春小麦全生育期将

缩短 18 ～ 22 天，产量将减少 16.5% ～ 18.5%；雨养区的豌豆生育期将缩短 3 ～ 17 天，产量将减少 6.3% ～ 17.5%；雨养区的春小麦—马铃薯轮作系统作物生育期将缩短 11 ～ 42 天，产量将减少 3.2% ～ 9.4%。

面对着气候变化带来的连锁反应，我们应该怎样有效应对呢？主动调整农业种植结构。可以通过实施“冬小麦北移”、“压夏扩秋”和“多熟种植”等作物种植结构和种植制度调整措施及发展和扩大“喜温抗旱”作物品种等应对策略，达到对气候变化影响的趋利避害，以有效提升粮食生产安全水平。

（来源：《中国气象报》，2012）

20 中国如何应对水资源供需矛盾？

中国人多水少，水资源时空分布不均，年均缺水 500 多亿立方米，地下水超采严重。对此，应加快从供水管理向需水管理、从开发利用为主向开发保护并重、从粗放低效利用向节约高效利用、从注重行政管理向综合管理四项转变，解决水资源供需矛盾。

水利部部长陈雷曾指出，随着工业化、城镇化、农业现代化加快发展，粮食增产区、重要经济区、能源基地等用水将较快增长，工程性、资源性、水质性、管理性缺水长期存在，加之受全球气候变化影响，水资源分布更加不均，水资源供需矛盾更加突出，水生态环境保护任务更为繁重。

为解决日益复杂的水资源问题，我国出台关于实行最严格水资源管理制度的意见，明确水资源开发利用控制、用水效率控制、水功能区限制纳污“三条红线”。今后我国将尽快把“三条红线”指标分解量化到各流域和行政区域。加快建设水资源配置和江河湖库水系连通工程，强化水资源统一调度。全面推进节水型社会建设，突出抓好工业、农业、城市生活等领域的节水防污，搞好废污水处理回用、雨水集蓄利用、海水直接利用与淡化利用。建立健全水资源合理配置、高效利用、有效保护的规划体系。强化水资源监控能力和科技支撑。

实行最严格水资源管理制度是一项极为复杂的系统工程，是对传统增长方式的革命性变革，需要社会共同努力。同时，将深化水资源管理体制、水务管理体制、水价形成机制等重点领域和关键环节的改革攻坚，积极探索建立水权和水市场制度。落实地方政府水资源管理责任主体，强化考核评估和监督。

（来源：新华社，2012）

21 气溶胶颗粒导致降雨增多

大气层中气溶胶颗粒的增加已经导致世界上一些地区的降雨增加，同时也为预测未来气候提供了重要线索。更深入地理解降雨模式将有助于科学家们预测未来气候变化的趋势。

气溶胶颗粒包括煤烟、尘和硫酸盐颗粒。燃烧煤或天然气、工业及农业生产过程以及森林燃烧等都可以产生气溶胶。气溶胶除了对人体健康有害之外，也是引发空气污染的主要成因。

以色列和美国科学家称，在一系列条件下，气溶胶的增加与当地降雨频率增加有关。二者的相关性在海洋和陆地都很明显，同时在热带、亚热带和中纬度地区也很明显。研究称，这覆盖了包括非洲、南美洲和亚洲在内的大部分地区。

科学家表示，未来还需要对气溶胶如何影响降雨较少的地区进行研究。研究也发现，气溶胶会增加降雨的频率。大量的火山喷发释放二氧化硫进入到大气层中，从而导致降雨增加。未来气候预测的另外一项不确定性就是气溶胶在云层形成过程中的作用。

科学家认为，气溶胶颗粒可以改变云层。它可以作为云滴和形成冰的“种子”，从而影响云的形成。越多的云形成能够降低地球表面温度，这主要是因为厚云层能将光线反射到太空中。“预测降雨变化的前提条件是了解成雨云如何应对环境变化”。

（来源：人民网，2012）

22 冰川融化利于缓解黄河上游旱情

全球变暖，高山冰川加速融化，增加了黄河水量，有利于缓解黄河上游两岸农业对水资源的需求。在我国西北内陆，高山冰川融水是河流的主要水源供给。西北河流的水位常年基本稳定，高山冰川居首功。冰川像固体水库，调节作用非常明显。干旱区的河流上游如果有冰川，那么水位每年变率不大，变差系数是 0.2 以下，而其他的河流可能是 0.5 ～ 0.6。

科学家认为，经历了始于20世纪80年代末长达10余年的枯水期后，从2003年起，黄河上游天然来水开始逐步回升，径流量正在逐年增加。

科学家通过对青海、甘肃、新疆的几百个测量站的统计后得出结论，1987年西北河流水量增加。数据分析认为，西北河流水量在1986年达到最低点，经过1987年的波动后，水量开始上升。从2003年开始，黄河河源区步入多雨时期，年均值已超过多年均值，这直接导致黄河径流量的增加。除了“天上的来水”，冰川融水、永久冻土的冻融是影响黄河径流量的因素。科学家认为：由于黄河源区地势高寒，地广人稀，人类活动对径流影响较小，对河源区径流起主导作用的还是自然因素，即气候的变化。

（来源：经济观察网，2012）

23 湖泊遇涝满溢，遇旱见底？

2011年夏季，鄱阳湖只剩下不到1/10的水面，洪湖最大水深只有30厘米，斧头湖、长湖、龙感湖，一座座湖泊干裂见底，一条条渔船搁浅湖滩，渔民们只有望天兴叹。

2010年夏季，同样的湖泊，却遭遇另一番危机：水漫金山，险情不断，频频告急。“洪湖水，浪打浪，这浪要么一拍就拍过了湖堤，要么连湖心的小木筏也拍不动”。洪湖渔民戏谑地自嘲。遇涝满溢，遇旱见底，南方的湖泊究竟怎么了？

全球气候变化导致极端天气频繁发生，在我国雨量充沛、水资源丰富的南方地区，水资源的时空分布也发生了改变，尽管全年降水总量变化不大，但降水分布呈现短时段、小区域、高强度的新趋势，使南方地区越来越频繁遭遇洪涝与干旱交互的威胁。

由于围湖造田，围网养殖，过度捕捞，洪湖水面缩小，湖底淤积，水质下降，湖面已不足20世纪50年代的一半，平均水深不到2米。洪湖如此，全国的湖泊也大多面临相同的命运。资料显示，全国每年平均有20个天然湖泊消亡，近50年已减少约1000个内陆湖泊。

星罗棋布的大小湖泊，本来就是调节地表水时空分布的天然蓄水池，雨涝时汇聚洪水、存蓄洪水，干旱时供水日用、供水灌溉；然而，蓄水池越来越小、越来越少，调蓄能力降低，湖泊功能萎缩、丧失，只会加剧“天灾”带来的影响。

近年来，人们逐渐意识到湖泊萎缩带来的损害后果无法弥补，各级政府也高度重视湖泊的保护，退耕还湖、退渔还湖。古语云：“宜未雨而绸缪，毋临渴而掘井。”不能只在洪水滔天或者干涸见底的时候，才想起湖泊的面积减小了，湖泊的水太少了。面对极端天气、异常天气频发的状态，修复江河湖泊生态、还大自然自我调节功能，已是迫在眉睫的责任。

（来源：《经济参考报》，2011）

第六章　人类健康与人类文明

全球变暖已经成为影响人类健康的一个重要因素。由于全球变暖，人类健康困扰变得更加频繁、更加普遍。全球变暖可能引起发病率和死亡率增加，尤其是疟疾、淋巴腺丝虫病、血吸虫病、霍乱、脑膜炎、登革热等传染病将危及热带地区和国家。地球上有贫穷、恐怖主义、饥荒和疾病，给人类带来灾难，但不会威胁人类文明的存在。全球变暖，真正威胁到地球的稳定存在，严重威胁人类文明，是所有国家所必须应对的共同挑战，没有任何人、任何国家能够依靠各自的能力解决这个危机。

01 气候变化威胁人类健康

世界卫生组织发表公报称：全球气候变化对健康、空气、水、食品、住宅和疾病都有影响，气候变化直接威胁着人类健康。2008 年，世界卫生组织把世界卫生日的主题定为“应对气候变化，保护人类健康”，旨在呼吁各国关注气候变化对人类健康的影响。

公报称：气候变化对人类健康有五大后果。一是农业深受气候影响，气温升高、水旱灾害频发将影响食品安全，加剧农业基础脆弱国家的营养不良，而营养不良每年造成的死亡人数已经达到 350 万；二是极端气候现象频发，导致灾害死亡人数上升，水灾还会引起霍乱等疾病暴发；三是缺水或暴雨成灾都会增加痢疾患病率，造成每年 180 万人死亡；四是城市热岛效应直接增加患有心血管疾病或呼吸道疾病的老年人的死亡率；五是气温和降水变化可能改变传播疾病的昆虫的地域分布，其中最令人担心的是疟疾和登革热的传播。

（来源：世界气象组织，2011）

02 全球变暖加剧传染疾病传播

气候变暖正在通过影响一些极端天气或气候极值的强度和频率，改变自然灾害发生发展规律，从而对人类生存环境和健康产生重大影响。持续高温超过了人体的耐热极限，就会导致疾病发生或加重，甚至死亡。高温热浪往往使人心情烦躁，甚至会出现神志不清等现象，容易造成公共秩序混乱、事故伤亡的增加。2003 年欧洲夏天热浪是一场莫大的灾难，至少有 30000 人死于酷热。疟疾患者增加，疟疾是与结核病、艾滋病并列的三大传染病之一。疟疾是由疟原虫引起的寄生虫病，热带生存的按蚊是疟原虫的主要传播媒介。地球平均气温上升，蚊虫生存的季节和地区也将发生变化，因此，以前未发生过疟疾的地区，也会有因按蚊传播而产生疟疾的危险性。

美国科学家保罗 · 受泼斯坦注意到，植物也随雪线而移动，全世界山峰上的植物都在上移。随着山峦顶峰的变暖，海拔较高处的环境也越来越有利于蚊子和它们所携带的疟原虫子这样的微生物生存。1987 年以来，西尼罗病毒、疟疾、黄热病等热带传染病在美国佛罗里达、密西西比、德克萨斯、亚利桑那、加利福尼亚和科罗拉多等地相继暴发，证实了气候变暖，一些热带疾病将向较冷的地区传播。

（来源：新华社，2008）

03 气候变暖加剧引发老年人呼吸道疾病

炎热潮湿天气呼吸道疾病发病率较高，目前全球变暖可能加剧这一情况。基于数年来 12 个欧洲城市的天气和医院收治数据分析得出，随着气温接近城市最高值，呼吸道疾病收治率就会陡升，这一情况在 75 岁及其以上的老人中尤其明显。

科学家指出，全球气候变化，极端天气、空气污染物都在增加，从而加剧了慢性阻塞性肺疾病等呼吸道疾病的出现。科学家罗马波拉 · 米歇罗奇收集过去 3 年中 12 个城市的气候数据，包括温度和湿度等，计算出每个城市的“典型最高温度值”。

大多数城市的情况表明，随着气温超过最高值的90%，呼吸道疾病收治率就会增加。在几个地中海城市，温度在最高值的90%基础上每增加1℃，医院的老年呼吸道疾病患者收治率就增加4.5%，在北欧城市则是3%。

呼吸道病例包括感冒和肺炎引起的感染、哮喘和慢性阻塞性肺疾病加剧等。老年人是慢性阻塞性肺疾病恶化的高危人群。研究认为，过热会引发气道炎症使病人呼吸加速甚至停止。

（来源：杂志《环保科技》，2011）

04 全球变暖加大呼吸系统疾病的危险性

地球变得越来越温暖，人类罹患呼吸系统等传染性疾病的危险性会加大。不管是日益增高的气温本身，还是人类处于这种气温环境之中，都不一定使人更容易染上气喘、过敏症、传染病等疾病。其实真正的危险来自于城市地表温度的增加、干旱区域的高密度颗粒物分布，以及传染疾病向更高纬度地区的传播。随着气候变化导致的高温热浪、恶劣的空气污染天气及其他一些极端天气事件的发生，呼吸系统疾病有可能大规模暴发。在这种情况下，易感人群需要得到更多支持与照顾。

美国科学家肯特 · 平克顿称，我们关注的是气候变化如何影响世界范围内呼吸系统疾病的分布，以及高温压力和高温适应等问题，同时也关注极端高温现象如何对个体和群体产生影响。他表示，由于我们的研究还关注空气污染及其对人类呼吸系统的影响，因此我们最为关切的是空气质量问题，包括野生大火产生的烟雾和颗粒物扩散等，我们知道随着气候变暖，这类问题发生得越来越频繁。而环境沙漠化引发的沙尘暴也会导致空气传播微粒四处扩散。

研究报告还强调了霉菌、细菌传染链及传染疾病如何向高纬度地区传播的问题。研究表明，以往只在美洲中部看到的霉菌孢子，现在已经在加拿大的不列颠哥伦比亚省发现其踪迹，而以前只是在地中海地区发现的传染疾病现在已经扩散到了斯堪的纳维亚半岛。

不过最让人忧虑的还是极端天气事件发生期间暴发的传染性呼吸系统疾病，例如，飓风或者洪水暴发都可能使得疾病像野火一样在大片人群中四处传播。肯特说：“我们最为担心的是婴儿、老人及其他易感人群，他们将会最先感受到气候变化引发的健康问题。”

（来源：新华网，2007）

05 气候变暖导致死亡率增加？

2009年，美国发布了《全球气候变化对美国的影响》科学报告。报告极为详尽地描述了75年后美国全境各个地区在最坏情况下将会遭受的影响图景，比如曼哈顿低洼地区的洪水，热浪在芝加哥造成超过4倍的死亡，加利福尼亚的葡萄藤则会干枯死亡，落基山脉的山坡上野花消失不见，而阿拉斯加的野生北极熊已经灭绝。报告称，如果美国政府对气候变化无所作为、不能成功控制全球变暖的话，美国将遭受广泛而且改变民生的后果。

在更高的温室气体排放情况下，靠近南部的纽约、佛蒙特州、新罕布什尔州、缅因州冬季的雪天可能会减少一半，或许短到1～2个星期，这将毁掉像滑雪、滑冰等传统的冬季户外活动。东南部佛罗里达的夏季气温将上升4.1℃，温室气体排放导致降水量减少将会使热效应成倍增长。飓风强度的增加和海平面升高将导致湿地和海滨地带消失。中西部高排放使得芝加哥这样的城市出现3倍于现在的热浪，频繁、严重而长久。西南部持续的强热浪将会威胁到科罗拉多河谷。阿拉斯加过去50年里变暖的幅度是美国其他地方的2倍，未来这里的温度可能还会升高5.4℃，很可能会出现干旱，发生山火的风险也会增加。

报告重点称，由于气候变暖，热浪威胁到人类健康，将会增加死亡率，恶劣的空气质量以及水体、蚊虫传播疾病的增加将会降低人类健康状况。不断高涨的热浪使得对空调的需求越来越高，但是水资源短缺将会限制电力生产的发展。路易斯安那州和佛罗里达州沿海的石油开采业也将受到海平面升高和更强飓风的威胁。物种的大规模变迁在所难免，而且还将持续下去，沙漠会变得更热更干，海洋的酸度将更高，鲑鱼和鳟鱼的种群数量会萎缩。

（来源：新华社，2009）

06 气候变化引起食源性病原菌污染

食源性病原菌生长和繁殖与气候变化存在一定的关系。温度升高、洪水和环境湿度变化引起水和食品病原菌污染，如出血性结肠炎、溶血性尿毒症综合征和脑膜炎。因此，全球气候变化可能会影响传染病的发生模式。病原菌在环境、食品和饲料中生存、繁殖或传播，特别受到温度、洪水和环境湿度的影响，其他因素如风，在一定程度上对病原菌的传播起到媒介作用。

科学家研究发现，许多病原菌在农田和水环境中普遍存在。饮水和食品传播的大多数病毒、细菌和原生动物喜好在温水和温暖的气候中繁殖，因此水温和空气温度的升高可能会加重环境其他生物的受害程度。不仅如此，水和食品中病原菌季节性爆发直接导致人类和动物疾病的季节性流行。

研究还证明，大多数细菌性和病毒性疾病，具有非常明显的季节性流行趋势，例如，水传播的弧菌属类细菌与温度显著相关，常常呈现季节性分布；其他病原菌如奶牛和猪易感的沙门氏菌，它们的暴发和疾病流行都依赖于气候因子。分析流行病流行的特点，一些研究认为气候变化引起的强降雨事件加大了病原菌污染风险，例如，洪水泛滥将加重水和食品传播疾病的流行趋势。依此推论，气候变化通过对病原菌传播的影响，也将对食品的生产、运输、销售和储藏全过程构成污染威胁，影响食品的生产和安全，最终将导致人类传染病的流行。

（来源：李裕等，2010）

07 气候变化引起北极地区饮食污染

气候变化也可以通过大气环流和水文学改变而增加污染物长途运输至北极。北极变暖使海冰融化的时间越来越难以预测。加拿大科学家报告了每年海冰融化时间的变化导致加拿大亚北极地区哈德逊湾西部北极熊摄食改变的证据。这可能会加速北极熊对某些持久性污染物的生物聚集，而传统上将北极熊作为饮食一部分的人们将更多地暴露于这些通过食物链传递的污染物。

加拿大科学家 Robert · Letcher 研究团队检测了 1991—2007 年哈德逊湾西部北极熊体内多氯联苯（PCBs）和多溴二苯醚（PBDE）阻燃剂等污染物的水平。他们同时检测了脂肪组织内脂肪酸和碳同位素水平以确定北极熊捕食的海豹类型。浮冰海豹在海床觅食，它与开阔水域海豹具有不同的碳印记，开阔水域海豹捕食食物链中更高级的食物，因此聚集污染物的水平更高。

科学家说，在进行研究的这段时间里，北极熊的摄食变化足以抵消哈德逊湾西部PCBs浓度降低的趋势，并大幅加快PBDEs增加的趋势。Letcher指出，PCBs、PBDEs和其他污染物如全氟辛烷磺酸（PFOS）水平在其他北部地区北极熊种群中差异很大，而且很多地区的时间趋势数据是缺失的。

这项研究对以北极熊和其他生物链上方的动物为食的因纽特人提出了问题。应该重复这项研究，因为它表明北极熊饮食改变可能会增加因纽特人或者其他以北极熊作为传统饮食的人群对持久性有机物的污染。北极居民的传统饮食很可能会受到气候变化的不利影响。

因纽特人饮食是鱼和猎物的混合物，富含Ω-3脂肪酸，可以降低患心脏病、肥胖和糖尿病的几率。然而这些食物同样也是北部人群暴露的环境污染物的重要污染源。丹麦环境生物学家Rune·Dietz主要研究北极熊和动物（污染物）增加，很可能这也会影响猎人，因为他们和北极熊接触到同样的海豹。

2009年，Gary·Stern研究显示，以浮冰海豹环斑海豹为例，海冰状况的变化使海豹转而摄食鳕鱼，导致汞含量升高。人们已经关注污染程度对因纽特人的影响，北极监测与评估计划已对此进行了监测并通知北极地区的政府部门有关污染趋势和源头的信息。Russel·Shearer说："应该在更全面的公共卫生方面对导致污染物暴露的传统食物加以平衡，尤其是育龄妇女。"

（来源：搜狐科学，2012）

08 气候变化将影响人类对食物的选择

或许有一天我们再也吃不到那些早已习以为常的食物，取而代之的是人造肉和各种维生素片。这并不是危言耸听。英国科学家经过两年的调查后发现，如果按照目前的气温上升趋势，不出多少年全球气温就将升高4℃，这无论是对农业发展还是食物供给来说都将是严峻的考验。

科学家称，全球气温普遍上升超过2℃，食物的供给就会岌岌可危，其中首当其冲的是农作物的产量将受到严重影响。当温度上升超过4℃时，大米的产量会下降30%。而随着温度的持续升高，粮价将大幅上涨，这势必又会带动畜产品、肉类价格的上扬，全球性食物短缺和饥荒在所难免。

最终，我们可能将不得不对自己的食物结构做出相应调整，人们的饮食习惯可能将因此而发生很大改变。届时，可能市场上会出现更多添加防腐剂、保存时间长的精加工和罐装食品，甚至还可能惊现人工合成的肉类食物。高昂的肉价还可能使许多家庭不得不“戒肉”，原先“嗜肉”的人群则可能大量地转向“素食主义”。

（来源：中国天气网，2012）

09 酷暑使俄罗斯人健康状况下降

2010 年夏季，莫斯科的日最高气温一路攀升，20 多次打破该市气温的历史纪录，38℃左右的高温竟持续一个多月。气象专家维利凡德解释说，从 2010 年 6 月 21 日起在俄罗斯欧洲部分上空笼罩的反气旋一直持续了近 50 天，阻止了来自北方和西方的冷空气，造成俄罗斯大部分地区高温少雨……

俄罗斯舆论研究中心公布民调结果显示，75% 的俄罗斯人认为由于遭遇异常高温，自己的健康状况感觉下降，47% 的人担心“高温会导致生态灾难”，46% 的人认为“气候异常将直接造成那些高需求量商品的价格上涨”，44% 的人称“高温会带来食品安全问题状况的恶化”，38% 的人担心“高温会造成流行病”。只有 2% 的人“根本没有发现炎热和干旱天气有什么影响”。

2010 年一场酷暑给俄罗斯的政治、经济、生态带来了微妙影响。莫斯科市长卢日科夫曾称：“因市内持续高温天气以及严重的生态环境问题，莫斯科市政府计划把 1600 多名老年人和 1 万名儿童送到克拉斯诺达尔边疆区、乌克兰和保加利亚等地避暑。他们在那里将能呼吸到新鲜空气并获得必要的医疗。”

（来源：俄罗斯新闻网，2010）

10 气候变化影响了古文明发展?

气候变化或突变影响古文明的发展，这是有可能的。综合分析历史学、考古学及古气候学证据，已证明公元前 2200 年至公元前 2000 年，尼罗河流域、两河流域、印度河流域及黄河流域先后发生了气候突变，并可能对文明的衰落或文明的发展产生了影响。

中华文明的发展与气候变化，特别是气候突变有密切关系。但并不是说气候突变是制约文明发展的唯一原因。从洪水到干旱的气候突变可能造成了中原以外地区许多考古文化的衰落，但是也促进了中原地区中华文明的诞生。

气候变化是一把双刃剑。一方面，气候变化会打击农牧业生产，甚至摧毁古文明。另一方面，气候变化也可能使农民破产，进入城市成为劳动力；气候变得严峻，也促进农业和畜牧业得到发展，还可能促使游牧民族向富饶地区移动。世界上古文明最早在大河两岸发展就可能与此有关。

气候灾害频繁发生，社会不安定，是导致明朝等朝代灭亡的一个重要因素。不过朝代更替原因是复杂的，气候条件只是因素之一。例如，清朝康熙年间的气候条件就不太好，不过这并没有影响康熙年间出现盛世。

如果人类不采取合适措施减缓和适应气候变化，今后将会经历更多“暖年”。在全球气候持续变暖背景下，21 世纪我国气候将继续明显变暖，面临众多的气候与环境问题。其中最突出的是水资源短缺、干旱和洪涝频发、土地沙漠化难以有效抑制、水土流失面积广阔、山地灾害加剧等，必须从国家安全的高度重视气候变化。

全球气候变暖，影响很复杂。不过到底会发生什么改变，我国的气候伴随东亚季风会出现什么变异，这些都还没有定论。另外，气候变暖过程中也可能会出现变冷等气候突变，这也要有所防备。

（来源：《人民日报》，2007）

西安兵马俑（图片来源：汇图网）

11 气候变化影响人类文明进程

文明是文化的历史积淀，而气候变化推动了人类的进化，也孕育了人类文明。人类文明从农耕时代发展至今，与气候有着千丝万缕的关系。气候未必能决定人类文明，却可以改变人类文明。由此，气候是影响人类文明进程的重要因素之一。

英国科学家尼克 · 布鲁克斯指出，数千年前的剧烈气候变化推动了人类文明的发展。例如，早期的埃及、美索不达米亚、南亚、中国和南美洲文明都出现在 6000 ～ 4000 年前，那时由于地球公转发生不匀变化，引起全球季风改变，导致气候干旱。没有几千年前的这次急剧气候变化，人类今天可能还只会从事农耕、放牧、狩猎和采集。其实文明并非是人类的自然状态，而是人类在适应气候恶化过程中的意外结果。

我国科学家指出，气候变化或突变影响古文明的发展，这是有可能的。综合分析历史学、考古学及古气候学证据，已证明公元前 2200 年至公元前 2000 年，尼罗河流域、两河流域、印度河流域及黄河流域先后发生了气候突变，并可能对文明的衰落或文明的发展产生了影响。中华文明的发展与气候变化，特别是气候突变有密切关系。许多历史事件的产生也与气候的变化息息相关。

美国女作家劳拉 · 李出版的《该由暴风雨负责》一书探究了在人类漫长的历史上，天气变化如何多次改变人类历史进程。她列举了西方文明史上最重要的战役之一——1588 年英国打败西班牙“无敌舰队”，是由于当时的气候和风向助力英国所致。

气候变暖问题，由于其全球性、长期性、综合性和不可逆性以及与其他生态环境问题的关联性等，成为当前人类面临的诸多生态危机中的重中之重。人类应从自身文明发展的高度和广度上，在经济、社会、文化等各个方面对工业社会进行改造，才能真正走出气候变暖危机的困境。

（来源：《科技博览》，2012）

12 气候变化冲击人类文化

纵观人类进程，气候变化催生、抚育、暂时中断甚至终结着人类文明，特别是工业革命以后的气候越来越反常，极端天气气候事件不断频发，威胁到世界自然和文化遗产，致使土著部落文化在遭遇泯灭，以及不断出现的气候难民在频繁迁徙中遗失着本民族的文化习俗。人类文化在潜移默化地遭受着气候变化巨大的影响和冲击。为此，文化界深刻反思人类与自然的关系，运用多种文艺形式作出积极响应；为避免人类未来陷入气候灾难之中，专家学者思辨东西方文化精髓，探寻应对气候变化的理念和思路，引领大众从高碳生活方式逐步向低碳蜕变。

全球气候变化给人类社会的经济、农业、工业、科技等领域都带来了重大而深刻的影响，由此也引发人类进行了不同程度的变革，而对人类文化的牵动也同样如此。

人文科学将文化的定义分为广义和狭义。广义的文化指人类社会历史实践过程中所创造的物质财富和精神财富的总和。狭义的文化专指语言、文学、艺术及一切意识形态在内的精神产品。笼统而言，文化是一种社会现象，是人们长期创造形成的产物，同时又是一种历史现象，是社会历史的积淀物。确切地说，文化是指一个国家或民族的历史、地理、风土人情、传统习俗、

英国古城（图片来源：汇图网）

生活方式、文学艺术、行为规范、思维方式和价值观念等。

（来源：中国科技网，2012）

13 气候变化威胁世界遗产

联合国教科文组织宣布被列入《世界遗产名录》的很多自然与文化遗产正面临着气候变化带来的威胁。该组织发布了汇聚来自世界各地 50 个专家的研究成果报告——《气候变化与世界遗产案例分析》，其中列举了 26 个例子，详细阐述了气候变化给世界遗产带来的严重影响，包括英国的伦敦塔、非洲的乞力马扎罗国家公园和澳大利亚的大堡礁。

这些影响主要表现在：雨季和旱季的周期性变化、空气湿度的大小、地下水位高度的改变和土壤化学成分的变化都会影响到文化古迹。而北冰洋地区冻土的融化及海平面的上升也会带来不利的影响。以秘鲁昌昌城为例，厄尔尼诺现象所造成的降雨量变化破坏了这个全球著名的土砖城结构；在欧洲、非洲和中东地区的几个历史名城，气候变化导致的洪涝灾害和海水上涨对其的破坏也很大。洪水会引起土壤湿度增加，导致建筑物表面因盐分结晶增加而受到侵蚀，湿度的增加同时也容易造成地面隆起或下沉。

在全球气候变化下，保护文化遗产地尤其重要，原因是：一方面，由于气候变化而可能导致的个人生活方式和物质环境的快速变化将会使许多人感到不安，保护其珍视的物质和文化环境中有意义的部分，可以减少物质和社会变化所带来的心理冲击，这就是为什么许多人在自然和人为的灾难之后要选择重建他们所熟悉的环境。此外，在不安定时期，文化遗产对于维护人们的精神健康和生活质量也起到重要作用。另一方面，许多世纪以来，很多因其文化意义被珍视的传统建筑形式适应了气候状况，优化了能源使用。如果对这些建筑加以保护，人们可以在能源变得昂贵且不足的未来再次使用这些对策。传统的中国四合院可作为一种都市高密度下的居住模式，是一个低能耗和提供可接受的生活质量的例子。

联合国教科文组织确定了两个主要策略：一是减弱变化所带来的影响，对遗产地进行监测并使其适应气候变化，因为尽管极端的气候状况给文化遗产带来的冲击是巨大的，但是给文化遗产带来的潜在威胁大部分来自气候的逐渐变化；二是让气候变化相对稳定。《气候变化地图集》的主要作者之一、

长城印记（图片来源：汇图网）

瑞典斯德哥尔摩环境研究所的研究员道宁指出，以意大利水城威尼斯和埃及城市亚历山大为例，要在 50 ～ 200 年内减轻海平面上升对这两处文化遗址的影响，而如果海平面上升 50 厘米，带来的危害将是毁灭性的，到那时人类不得不彻底放弃这两处世界遗产，所以最好的办法是让气候变化趋于稳定。但保护世界遗产不受气候变化的影响需要很大的开销，并非易事。

（来源：中国社会科学报，2010）

14 气候变化泯灭土著部落文化

在全球范围内，气温越来越高，季节性干旱、洪水及飓风也在不断反复之中，很多靠天吃饭的土著部落已苦不堪言，在挣扎中与适应中求生存，许多部落成员面临的最紧迫问题是食物危机、家园被毁，以致到了走投无路的境地。生存岌岌可危，亟待世界各方援手救助。

人类学家们担忧，大量土著部落将失去自己的传统习俗、文化艺术及语言，他们的文化将消亡。世界自然保护联盟高级顾问冈萨洛 · 奥维多指出，有的地方，人们为了保存自己的文化习俗而不得不迁移，但有些偏远地区的小部落将会灭绝。由于四周的土地都被日益增长的人口所占据，有些气候难民不太可能移居，现在只能被迫囚居在一个地方，等待灭亡。

巴西亚马孙河流域的卡玛于拉部落生存面临困难。几个世纪以来，丛林湖泊及河里的鱼是该部落居民的主食，而大面积砍伐森林和全球气候变化使亚马孙河流域越来越干燥炎热，同时鱼类资源的消失让该部落面临生存危机，很多孩子只能靠吃蚂蚁填饱肚子。该部落成员们居住在兴谷河国家公园的中央，这里过去被茂密的热带雨林所包围，而现在四周的森林日渐被砍伐，逐渐变成农场，使该部落成员无处可去。

而北极地区居民则更面临无路可走的威胁，因为以前的道路都融化了。美国阿拉斯加地区的爱斯基摩人部落正日益消失，因为冰川在融化，海平面不断上升，没有了冰层，爱斯基摩人很难捕到海豹，而海豹是他们的主食。有些爱斯基摩人正在起诉污染者及发达国家，并要求他们赔偿。英国桑顿博士说："爱斯基摩人自己知道，他们并没有破坏环境，来自工业国的污染正威胁着他们的生活方式。"

（来源：中国新闻网，2010）

15 气候变化威胁考古遗迹

西伯利亚保存的木乃伊正在逐渐腐烂，苏丹沙漠中的金字塔正在逐渐消失，玛雅神庙正在逐步坍塌……气候变化真切地威胁着我们身边的考古遗迹与宝藏。近年来，冰川消融、沙漠扩散、海平面上升以及飓风等，所有这些全球变暖的种种后果，都在频繁而加剧地上演，势必将对考古遗迹造成极大的破坏。法国考古学家 Henri-Paul · Francfort 说："地表的永久动土层能够对墓室起到保护作用，可是这些永久动土层却在消融并消失。"墓室中的古人都已经发生木乃伊化，身体上都具有纹身，一同埋藏的还有祭祀的马匹、兽皮、羊毛制品遗迹衣服等。Francfort 博士介绍说，奥兹冰人可能是最明确的一处因高纬度冰川退缩而暴露的考古遗迹。目前，在挪威境内融化的冰川正在逐渐向人类揭开更多的考古遗迹。

考古专家同时也发出了警告，海平面上升可能在很多地方重演亚特兰蒂斯（Atlantis）的悲剧，到 2100 年时，海平面上升约 1 米左右，这将掩埋数十处海岸附近的考古遗迹，其中包括太平洋中的众多岛屿。在坦桑尼亚，海岸侵蚀作用已经破坏了葡萄牙殖民者在 1505 年所建立的城墙和城堡。在孟加拉国，15—19 世纪的古城索拿贡（Sonargaon）定期都要受到洪水的侵袭。古城索拿贡是受气候变化威胁的 100 个遗迹之一，联合国教科文组织（UNESCO）

龙门石窟（图片来源：汇图网）

对此早有记录。

对于考古遗迹来说，沙子是最可怕的威胁之一。在苏丹，沙丘正在侵蚀并逐渐埋葬着古城梅罗伊（Meroe）的金字塔，而梅罗伊曾是公元前 3 世纪至公元 4 世纪繁华富庶的国家。

（来源：化石网，2011）

16 全球变暖或将终结人类文明？

美国《赫非顿邮报》发表文章指出，气候变暖可能导致人类文明的局部停顿，并将最终导致人类文明灭亡。

目前，美洲大陆是七大洲中唯一还没有遭遇气温上升的大陆，因此现在大多数美国人认为全球变暖可能根本不存在。事实上，现在全球变暖的速度已经放缓，主要是源于两个因素：一是太阳黑子周期，目前太阳辐射正处于一段时期内的最低水平。更少的热源就等于更低的发热量；二是冰盖和冰川转储，即极地浮冰群倾入海洋，对海水产生了冷却效应。

太阳黑子周期几乎可以在任何时候改变它所想改变的任何事情。或许我们还有 10 年左右的时间将地球热度保持在较低水平，但这也不是非常肯定。

而至于冰帽和冰川转储，一旦冰变成海水，就不再是冰了。

最糟糕的是，我们可能将看到气温升高的速度变缓，但是结果却更坏。而且我们还得继续忍受极端天气，气候模式的改变是气候变化的早期迹象。而一旦令气候变化减缓的因素消失，全球变暖的速度就将回升，而且将更加激烈。

要想阻止这样的趋势，必须解决两个问题。首先是在意识层面。虽然我们所需要的可能只是减少碳排放的技术解决方案，但我们现在也还没有以足够大的规模来部署这些事项。这无论在中国还是美国，或者在其他发展中国家都是必要的。其次要认识到将会有一个临界点，使全球变暖形成一种自我强化的恶性循环。如果没有极地冰盖和西伯利亚释放的甲烷，即使人类二氧化碳排放量的绝对减少，也不能阻止这一循环。

除此之外，严重的水资源短缺问题也是可以预期的。这将会影响非洲、中国、印度和美国的大片地区，因为含水层的水将会流失殆尽，并且还需要解决这对各种生物生命的威胁以及移民带来的巨大损失。而且热带的大部分地区可能将完全无法居住，如此高的温度和湿度，简直是致命的，世界人口将数以亿计地减少。

（来源：人民网，2011）

17 冰川融化可能引发水资源争夺而爆发冲突

气候变暖引起的冰川融化已是全球性的问题。在“世界屋脊”青藏高原，这一问题显得尤为严重。青藏高原大部在中国西南部，还包括不丹、尼泊尔、印度、巴基斯坦、阿富汗、塔吉克斯坦、吉尔吉斯斯坦的部分，境内面积 240 万平方千米，平均海拔达到 4000 至 5000 米，是长江、黄河、湄公河以及恒河的发源地。这些河流不仅在历史上曾孕育出辉煌的文明，而且如今更是流域附近人类生活的保证以及维持生态系统的基础。这些大河流经地往往都是人类居住最为密集之地。发源于青藏高原的大河已成为 10 多个国家近 20 亿人口的生命线。

美国冰川学家郎尼 · 汤普森曾把青藏高原冰川称为“亚洲淡水银行账户”，说明了青藏高原对于亚洲地区的重要性。如今正遭受前所未有的危机，同其他冰原地区相比青藏高原似乎显得更为脆弱，积雪融化速度快得惊人。中国科学家已对青藏高原 680 座冰山进行了长期跟踪调查，他们发现近 95%

的冰川积雪融化速度已超过融雪形成速度，而高原南部及东部的冰川融化速度之快更为严重。冰川消融带来的弊端已经出现。在青藏高原北侧，当地的草场和湿地正逐渐萎缩。牧民们赖以生存的永久冻土层也在退化。当地数千个湖泊已经干涸，如今这一地区近六分之一的土地已沙漠化。然而在青藏高原南侧却又是另一番景象。冰川的迅速融化使得当地多个村落水源量出现富足。当然，水源充足为当地带来了不少好处，比如说农作物生长良好、草场能够长期保持茂盛等等。不过，水量过多也存在较大弊端，不仅会带来洪涝灾害，河流流量的增加还冲走了大量土壤。在巴基斯坦和不丹的山区，大量积雪的融化形成了数千个冰川湖，不过，这些湖泊十分不稳定，一旦冲破护堤，后果不堪设想。

全球气温升高再加上过度放牧，已经使青藏高原很多地区草场枯萎。为此，很多牧民不得不进行长途迁徙，重新寻找适合居住的地区。一位牧民表示："过去的时候，草场的牧草长得非常高，那时还经常会发生牛羊在草场里走丢的事。现在，牧草在刚刚冒头的时候就被吃掉了，即使这样，还远远不够。"也许，对于很多牧民来说，他们要想继续生活下去，就只有卖掉喂养的牲畜。

印度德里距离喜马拉雅山冰川南部仅有 180 英里，不过这里却是印度国内水源稀缺的城市之一。很多难民营甚至连基本的生存用水也保障不了。据悉，德里市每天的淡水供应量已出现 3 亿加仑[1]短缺，再加上水源分配不均，基础设施落后造成淡水渗漏等因素，实际上这一情况还要更加严重。德里市的水源供应主要来自于亚穆纳河及恒河，而这些河流的发源地都来自于喜马拉雅山的积雪。因此，如果山顶积雪不复存在，德里市日常水源供应难以得到保证。

水源充足和水源稀缺这两种独特的景象反映出了青藏高原地区的整体危机。即使如今很多地方水源充足，不过从长远来看冰川的过度融化意味着总有一天，供养亚洲各国的生命线会出现枯竭。如今科学家也无法准确预测这种情况具体会发生在什么时候。有科学家认为，不管供应线何时枯竭，对于亚洲很多国家来说，造成的影响是灾难性的。不仅水源会出现短缺，能源设施、食物产量都会受很大影响，水力资源的争夺甚至有可能会引发战争。水资源专家皮特 · 格雷克就表示："在共享水利资源地区，不仅仅是国家内部政治团体之间会出现争论，而且国家与国家之间也可能因为争夺水源而爆发冲突。我认为这些冲突最终会导致暴力事件的发生。"

（来源：报刊《国际时事》，2012）

1　1加仑（英制）=4.546升。

18 干旱是引发中东冲突的一大诱因

对于阿拉伯世界大变局，各界的分析评论很多，多集中于政治和安全领域。实际上这种冲突背后有环境方面的因素。《纽约时报》作家托马斯·弗里德曼称饥荒干旱是引发冲突的一大诱因。以叙利亚为例，“在很多人看来，叙利亚冲突是反对派针对现政权的斗争，但这并不全面。在过去的几年中，有很多社会、经济和环境的因素侵蚀着叙利亚政府和民众之间的社会契约”。华盛顿气候与安全研究中心的一份报告称，2006—2011年，叙利亚六成以上的土地经历了有史以来最为严重的干旱，其结果是严重的粮食歉收，80万叙利亚人因为干旱而无法维持生计。

同样，也门缺水已经成为严重的社会问题，也门可能成为全世界第一个水资源完全耗竭的国家。一些政府官员禁止民众私下开采地下水，但也门政府现任水务部长说，在前总统萨利赫下台之前，政府的每一位部长都在自家院子里开井挖水。

“如果气候没有改善的话，中东和北非地区的干旱情况会越来越严重，冲突不会因为政权已经更迭而停止，最后很可能会因为冲突的增多而回归到过去那种强人统治的状况”。

在全世界15个最缺水的国家中，有12个位于中东和北非地区，包括阿尔及利亚、利比亚及沙特、也门等。而且，这个地区以前是冬天降水较多，但由于气候变化，冬天的降水量也在下降。水资源减少的同时，这些国家的人口还在急剧增加。根据英国国防部的一份报告，到2030年这个区域的人口将比现在的水平增加132%。原因是该地区当前的人口结构是有1/3的人年龄在15岁以下，他们很快就会到生育年龄，而这个地区的生育率还很高。

沙特人利用石油财富在非洲的苏丹和埃塞俄比亚投资农场，但这会抽取更多的尼罗河水，其结果是位于尼罗河下游的埃及将会获得更少的尼罗河水，让本来已经脆弱的尼罗河三角洲更加脆弱。而尼罗河三角洲是埃及的重要产粮区。地球政策研究会主席莱斯特·布朗说：“如果你要问我对于今天的安全威胁最大的是什么，我会说最大的是气候变化、人口增长和水资源短缺以及食品价格上涨，最后才是失败的国家。我们需要有多少个失败的国家出现之后，全球文明才会衰落？”

希望人类不至于走到这一步。但我们要记住的是托洛茨基的一句名言："也许你对战争没有兴趣，但战争对你有兴趣。"或许你对气候变化没有兴趣，但气候变化对你有兴趣。这不是什么危言耸听。我们需要做的是赶快行动，让我们有能力应对气候变化的威胁。

（来源：《新闻晚报》，2012）

第七章　领导人话语

多数发达国家人均温室气体排放量远远高于世界平均水平，而多数发展中国家则是气候变化的受害者，一些小岛国甚至可能因此遭受“灭顶”之灾。英国 Maplecroft 公司公布温室气体排放量数据显示，中国、美国、俄罗斯、印度、日本、英国、加拿大、法国、德国、韩国、伊朗等国家是二氧化碳排放量大国，其中，中国、美国、俄罗斯、印度和日本 5 个国家二氧化碳排放量超过全球二氧化碳排放量的一半。联合国及这些国家的领导人和政府官员对气候变化的认识态度及行政方略对全球应对气候变化具有举足轻重的作用。

01 潘基文：呼吁各国实施“绿色新政”

联合国秘书长潘基文在 2008 年联合国气候变化大会致开幕词时表示，在面临气候变化与经济双重危机的时刻，各国也迎来了同时应对这两个挑战的契机。他呼吁各国实施“绿色新政”，在应对气候变化方面进行投资，促进绿色增长和就业。

潘基文指出，当前急需在应对气候变化问题上实施新政，创造可持续投资所需的政治、法律和经济框架。针对经济危机采取的措施必须同时推进气候变化问题上的目标，而针对气候变化危机采取的行动将促进经济和社会目标的实现。

潘基文对美国、中国等在气候变化问题上展现出的一些积极态势表示欢迎。他指出，美国政府计划将替代能源、环境保护和气候变化作为国家安全、经济复苏和繁荣的核心；中国将经济发展方案的重点放在增强可再生能源、环境保护和节能；丹麦自 1980 年以来以能源消耗的少量增加实现了国内生产总值的大幅增长；这些都是令人鼓舞的进展。

潘基文强调，尽管经济危机很严重，但气候变化问题涉及的利益更高，它影响到人类当前及长远未来的生活和繁荣，因此必须在各国议事日程上占据首要地位。

（来源：中国新闻网，2008）

02 帕乔里：遏制气候变化势在必行

联合国政府间气候变化专门委员会主席拉津德·帕乔里撰文称，当前国际社会采取行动遏制气候变化是迫切而且重要的，对于这一行动的必要性也不存在任何争议，因为 IPCC 已经确认气候变化是无可辩驳的事实。

他说全球的降水模式正在改变。全球高纬度地区的降水量呈现增加的趋势，而在亚热带和热带的部分地区及地中海一带，降水量却有所下降。这种降雨量和降雨模式上的变化会对许多经济活动产生重大影响，对于国家来说，在处理沿海大范围洪水和大雪等紧急状况时，将不得不考虑这些变化。极端降水天气也在增多，且涉及范围不断扩大。此外，热浪、洪水及干旱的出现频率和强度也在上升。

地球上有些地区会比其他地区更容易受到这些变化的攻击，尤其是北极，其温度升高的速度是其他地区的两倍。珊瑚礁、大三角洲地带（包括上海、加尔各答、达卡等大城市）和一些小型岛国也极容易因为海平面升高而蒙受损失。

气候变化还可能导致农作物产量下降。比如在非洲国家，农业产量到 2020 年可能减少多达 50%。气候变化也会使水资源供应压力增大，到 2020 年仅非洲就可能有 7500 万～ 2.5 亿人缺水。

如果气候变化不加控制，人类的健康也可能直接受到严重的影响，例如，发病率和死亡率会因热浪、洪水和干旱而增多。此外，某些疾病的分布范围也可能发生改变，致使人类更容易遭受疾病的攻击。

由于气候变化的影响是全球性的，全世界必须联合行动起来，采取有效的措施以适应形势发展。但目前一个明显的事实是，如果气候变化得不到缓和，情况将很快超出某些地区的适应能力。

全世界必须制定一个减少温室气体排放的行动计划，来帮助这些最易受攻击的地区。IPCC 对一些可能性进行了评估，其中一种情况表明，要将未来的温度升幅控制在 2.0 ～ 2.4℃，温室气体排放达到峰值的时间不得晚于 2015 年，之后开始下降。温室气体总量减少的速度将决定气候变化的最坏后果将在多大程度上被避免。

IPCC 还发现，如此严格的减排努力所花费的成本到 2030 年时不会超过全球 GDP 的 3%。而且，缓解气候变化也能带来巨大的共同利益：温室气体排放减少可以减轻空气污染，增进能源安全，提高农业产量，增加就业率。如果充分考虑这些共同利益，减排成本将大幅降低，甚至可能降为零。同时，通过缓解气候变化，全球的经济效益和社会福利将会得到提高。

采取全球行动的必要性源于 IPCC 的工作所得出的两个重要观察结果。首先，如果我们不减少温室气体排放，气候变化的负面影响将难以逆转，这意味着人类和其他物种将陷入困境，并受到威胁。其次，温室气体减排潜在的巨大利益，再加上不作为可能造成的危害，使得全球做出响应并制定一个国际行动计划势在必行。

（来源：人民网，2009）

03 胡锦涛：妥善应对气候变化

胡锦涛同志在政治局第十九次集体学习会上强调，我们要从全面建设小康社会、加快推进社会主义现代化的全局出发，科学判断应对气候变化对我国发展提出的新要求，充分认识应对气候变化工作的重要性、紧迫性、艰巨性，统一思想，明确任务，坚定信念，扎实工作，把应对气候变化作为我国经济社会发展的重大战略和加快经济发展方式转变和经济结构调整的重大机遇，进一步做好应对气候变化各项工作，确保实现 2020 年我国控制温室气体排放行动目标。

胡锦涛指出，全球气候变化深刻影响人类生存和发展，是各国共同面临的重大挑战。妥善应对气候变化，事关我国经济社会发展全局，事关我国人民根本利益，事关世界各国人民福祉。长期以来，我们本着对我国人民和世界各国人民负责的态度，始终高度重视气候变化问题，签署《联合国气候变化框架公约》，实施《应对气候变化国家方案》，提出 2005—2010 年降低单位国内生产总值能耗、主要污染物排放和提高森林覆盖率等有约束力的国家指标，大力推进节能减排，认真做好应对气候变化各项工作，取得显著成效。

胡锦涛强调，我国制定了 2020 年控制温室气体排放行动目标，这是我们根据国情、经反复论证后采取的自主行动，是深入贯彻落实科学发展观的重大举措，是建设资源节约型、环境友好型社会和创新型国家的重要内容，对实现我国经济社会又好又快发展具有重大而深远的意义。

胡锦涛强调，气候变化归根到底是发展问题，只能在发展中正确应对和不断推进。应对气候变化是一项系统工程，控制温室气体排放涉及经济社会发展诸多方面，需要从经济社会发展全局出发统筹考虑。实现2020年我国控制温室气体排放行动目标需要付出坚持不懈的艰苦努力。我们要深入贯彻落实科学发展观，始终坚持和全面落实节约资源和保护环境的基本国策，深入实施可持续发展战略，加强生态文明建设，坚持根据自然环境的承载能力规划经济社会发展，大力做好节约能源、提高能效工作，大力研发和推广气候友好技术，不断提高应对气候变化能力。

胡锦涛指出，实现2020年我国控制温室气体排放行动目标是当前和今后一个时期我国应对气候变化的战略任务。各级党委和政府必须把思想统一到中央决策部署上来，明确责任，完善机制，加强对控制温室气体排放工作的领导，把应对气候变化和实现控制温室气体排放行动目标纳入经济社会发展规划，研究制定相应的目标步骤、工作重点、政策措施，做到责任落实、措施落实、工作落实，努力完成各地方、各行业、各重点领域任务，确保全国控制温室气体排放行动目标的实现。要健全应对气候变化法律政策体系，完善管理体制和工作机制，推动应对气候变化走上法制化轨道。要完善产业政策、财税政策、信贷政策、投资政策，提高应对气候变化政策措施实施保障能力。要加强应对气候变化和控制温室气体排放宣传教育，提高全社会参与意识，把节能减排变成全民自觉行动，推动全社会走上生产发展、生活富裕、生态良好的文明发展道路。

胡锦涛强调，我们要坚持共同但有区别的责任原则，承担与发展中国家地位相适应的责任，积极参与应对气候变化国际合作，帮助发展中国家提高应对气候变化能力，继续为应对全球气候变化作出积极贡献。

（来源：《人民日报》海外版，2010）

04 奥巴马：带头承担应对气候变化的责任

2009年美国总统奥巴马在意大利中部城市拉奎拉出席八国集团首脑会议时说，发达国家应承担起带头应对气候变化的历史责任。

奥巴马在八国集团峰会上主持召开了经济大国能源安全和气候变化领导人会议，重点讨论全球应对气候变化的努力，为达成新阶段全球温室气体减排安排奠定基础。

奥巴马在会后举行的新闻发布会上说，与会领导人一致认为，包括美国在内的发达国家负有历史性的责任，需要在应对气候变化方面发挥带头作用，美国过去有时未能尽到这一责任，但今天这一切宣告结束。

奥巴马说，他担任美国总统期间的头等大事就是推动美国经济向清洁能源转型，并且美国已经为实现这一目标采取行动。他认为，八国集团在本次峰会上就温室气体减排目标取得了“历史性共识”，即到2050年，发达国家应将温室气体总排放量减少80%，并愿意和所有国家一道实现全球温室气体减排一半。在当天的经济大国能源安全和气候变化领导人会议上，17个与会国也首次确认，全球平均气温上升幅度不能高于工业化前水平2℃。

奥巴马说，与会的发展中国家还首次同意采取行动，在中期内实现温室气体排放量明显低于常规水平，而发达国家将大幅增加对发展中国家的资金支持，用于帮助发展中国家推广清洁能源技术，应对气候变化。

（来源：新华社，2009）

05 卡梅伦：本届政府成为最绿色政府

2010年，英国首相卡梅伦对坎昆气候大会达成协议表示赞赏，他称，“限制气候变化的新协议是向前迈出的重要一步”。他警告道，如果世界首领就气候变化问题不能达成一致协议的话，英国将面临“灾难性的”洪水、干旱和热浪。卡梅伦说，该协议的达成重树了国际社会对采取多边行动应对碳排放的信心。卡梅伦并祝贺参加坎昆会议的英国能源及气候变化大臣克里斯·休恩及他的团队在谈判中取得的成果。他同时表示，现在全世界都须履行自己的承诺。他的政府将成为英国历来最绿色的政府，英国也将会尽到自己的国际责任。

据英国广播公司报道，正在坎昆参加会议的英国能源及气候变化大臣休恩称，本次会议的协议是经过较量后达成的“严肃的一揽子交易”，该协议并没有给每个人所有他们想要的东西，各国仍需要继续努力。

在坎昆会议达成的协议中，包括建立一个全球“绿色气候基金”，旨在2020年之前募集1000亿美元资金，帮助贫穷国家发展低碳经济，为应对气候变暖采取保护性措施。英国媒体称，这个基金将使英国在2020年前每年付出15亿英镑。

（来源：新华网，2010）

06 萨科齐：共同行动应对全球气候变化

2007年，法国总统尼古拉·萨科齐在清华大学大礼堂发表演讲，倡导各国采取共同行动应对全球气候变化。他说："中国和法国应该为此在全世界开辟道路，这也是我此行的意义所在。"

萨科齐总统在演讲中表示，气候变化的挑战涉及了全人类的未来。"在经济生产发展的同时，应该照顾环境的保护。我们现在不能够把发展和环保对立起来，为了使得未来的世界能够稳定和公正，我们应该分享一下我们应对的办法，以更好地面对规模更大的挑战。"

萨科齐认为，应对全球气候变暖，全球人民"应该集体行动，而且是大规模地行动"。他说："法国已经做出承诺，到2050年，将温室气体的排放量下降到目前的1/4……我们希望，我们的行为能够在全球范围内得到重视。同时，让中国，尤其是中国的青年一代能够和我们一起来说服所有的政治家采取行动，以便避免恶劣现象的出现。"

萨科齐说："如果说世界上有一个国家在人和资源的关系方面看法和法国最为接近，那这个国家就是中国。中国和法国在应对气候变化的众多领域中，还会不断加强合作……"

（来源：清华大学新闻网，2007）

07 梅德韦杰夫：开发北极资源，保证生态安全

俄国总统梅德韦杰夫声称，限制俄罗斯开采北极的矿藏是不可容许的。最近几年，人们对于开发北极的兴趣，确实大大增加了，这毫不足怪。据科学家们的资料，北极集中了全世界石油与天然气的蕴藏量的四分之一以上。对北极附近地区的兴趣还是这样一点制约，全球气候变暖的过程在北极比在世界上其他地区进行得更快。积雪融化，除了它优缺点以外，还给北冰洋船只通航开创新的可能性。

俄罗斯、美国、加拿大和挪威都认为北极是它们自己的领土。俄罗斯总统强调，需要权衡，讨论并提出能保存俄罗斯对生态安全作出贡献的那种行

动方案。例如，发展所谓“绿色”工艺，并保存俄罗斯的大宗出口商品的经济竞争力。

此外，梅德韦杰夫在政府关于创建北极导航系统的问题的研究结果中称，这是一个形成对北极地区进行水文监控和气象监控的新的多组计划，应批准直到2030年的水文气象领域大的活动战略，有系统地对待研究气象变化的态度，监控这些过程对俄罗斯都将有非常有利的影响。他说气候变化不仅能引起物理变化，引起自然环境的变化，而且能引起国家间的矛盾，这些矛盾是与寻求和开发能源、利用海洋航道，以及水资源和食物资源缺乏等有关的。

与此同时，对于俄罗斯经济的极重要部门来说，气候变暖保证有很多优点，例如，将减少取暖季度的能源消耗；而河流年度流量的增加，将开创发展水利发展领域中的新的可能性。农业的情况也能得到改善，虽然也有不少缺点。

（来源：新华网，2008）

08 温家宝：为应对气候变化作不懈努力

2009年12月，哥本哈根气候变化会议领导人会议在丹麦举行。100多个国家的领导人以及联合国及其专门机构等国际组织负责人出席了会议。时任中国国务院总理温家宝与会并发表了题为《凝聚共识　加强合作　推进应对气候变化历史进程》的重要讲话。

温家宝说，气候变化是全球面临的重大挑战。遏制气候变暖，拯救地球家园，是全人类共同的使命，每个国家和民族，每个企业和个人，都应当责无旁贷地行动起来。中国在发展的进程中高度重视气候变化问题，从中国人民和人类长远发展的根本利益出发，为应对气候变化作出了不懈努力和积极贡献。中国是最早制定实施《应对气候变化国家方案》的发展中国家。近年来制定了一系列法律法规，把法制作为应对气候变化的重要手段。中国是近年来节能减排力度最大的国家。也是新能源和可再生能源增长速度最快的国家。水电装机容量、核电在建规模、太阳能热水器集热面积和光伏发电容量均居世界第一位。中国是世界人工造林面积最大的国家。我们持续大规模开展退耕还林和植树造林。

温家宝表示，中国有13亿人口，2009年人均国内生产总值刚刚超过

3000美元，按照联合国标准，还有1.5亿人生活在贫困线以下，发展经济、改善民生的任务十分艰巨。中国正处在工业化、城镇化快速发展的关键阶段，能源结构以煤为主，降低排放存在特殊困难。但是，我们始终把应对气候变化作为重要战略任务。1990—2005年，单位国内生产总值二氧化碳排放强度下降46%。到2020年单位国内生产总值二氧化碳排放比2005年下降40%～45%。中国的减排目标将作为约束性指标纳入中长期规划，保证承诺的执行受到法律和舆论的监督。

温家宝强调，应对气候变化需要国际社会坚定信心，凝聚共识，积极努力，加强合作。必须始终牢牢把握以下几点：第一，保持成果的一致性。必须坚持而不能模糊公约及其议定书的基本原则，必须遵循而不能偏离“巴厘路线图”的授权，必须锁定而不能否定业已达成的共识和谈判取得的进展。第二，坚持规则的公平性。“共同但有区别的责任”原则是国际合作应对气候变化的核心和基石，应当始终坚持。第三，注重目标的合理性。应对气候变化既要着眼长远，更要立足当前。确定一个长远的努力方向是必要的，更重要的是把重点放在完成近期和中期减排目标上，放在兑现业已做出的承诺上，放在行动上。第四，确保机制的有效性。国际社会要在公约框架下做出切实有效的制度安排，促使发达国家兑现承诺，向发展中国家持续提供充足的资金支持，加快转让气候友好技术，有效帮助发展中国家、特别是小岛屿国家、最不发达国家、内陆国家、非洲国家加强应对气候变化的能力建设。

温家宝强调，中国政府确定减缓温室气体排放的目标是中国根据国情采取的自主行动，是对中国人民和全人类负责的，不附加任何条件，不与任何国家的减排目标挂钩。我们言必信、行必果，坚定不移地为实现、甚至超过这个目标而努力。

（来源：中国新闻网，2009）

09 解振华：宁可信其有，不可信其无

2010年，在人民大会堂举行的记者会上，国家发展和改革委员会副主任解振华说，气候变暖是根据世界各国长期监测、科研的结果，变暖是事实。从监测的结果看，全球近100年平均气温升高了0.74℃，这是事实。但是变暖的原因在科学性上确实存在两种不同的观点。现在看来，多数人或者是主流的观点认为是工业化过程当中大量的燃烧化石燃料造成了温室气体的增加，

最后造成了气候变暖。

解振华说，另外一种观点是认为这是太阳黑子的变化，或者是生态自然变化造成的，是以这个为主的。更极端一些的看法，是认为人为的影响对整个大自然的变化来说是微乎其微的。确实，在科学性方面还存在着不同的看法。但是我们认为，应该鼓励继续进行观测、研究，找出更准确、更科学的结论。

解振华说，作为各国的政府来说，因为气候变暖对人类的生存和长远发展都带来了很大的危害，应该是宁可信其有，不可信其无。应该主动采取一些科学的措施，避免出现这些问题。

（来源：人民网，2010）

第八章 气候变化大会

从18世纪工业革命到1950年，人类燃烧化石燃料释放的二氧化碳总量中，发达国家排放占了95%。目前，占世界人口约22%的发达国家仍消耗着全球70%以上的能源，排放50%以上的温室气体。联合国呼吁世界需要一份更有力的气候协议，以缓解碳污染。为此，从1992年开始，联合国召开国际气候变化大会，协调发展中国家和发达国家利益，制定出《联合国气候变化框架公约》、《京都议定书》、《哥本哈根议定书》等协议，为全球减排提供行动纲领。

01 里约热内卢气候变化大会

《联合国气候变化框架公约》（简称《气候公约》）是世界上第一部为全面控制二氧化碳等温室气体排放，以应对全球气候变暖给人类经济和社会带来不利影响的国际公约，也是国际社会在应对全球气候变化问题上进行国际合作的一个基本框架。有192个国家批准了《气候公约》，这些国家被称为《气候公约》缔约方。此外，欧盟作为一个整体也是《气候公约》的一个缔约方。

1898年，瑞典科学家斯万Ahrrenius警告说，二氧化碳排放量可能会导致全球变暖。直到20世纪70年代，随着科学家们逐渐深入了解地球大气系统才引起了大众的广泛关注。1988年，联合国环境规划署和世界气象组织成立了联合国政府间气候变化专门委员会（IPCC）。1990年，IPCC发布了第一份评估报告，确定了气候变化的科学依据，它对政策制定者和广大公众都产生了深远的影响，也影响了后续的气候变化公约的谈判。

1990年，第二次世界气候大会呼吁建立一个气候变化框架条约。1990年12月批准了气候变化公约的谈判。1992年6月在巴西里约热内卢举行的联合国环境与发展大会上签署公约。1994年3月21日正式生效。奠定了应对气候变化国际合作的法律基础，是具有权威性、普遍性、全面性的国际框架。

人类活动已大幅增加大气中温室气体的浓度，增强了自然温室效应，将引起地球表面和大气进一步增温，并可能对自然生态系统和人类产生不利影响。《气候公约》目标是将大气中温室气体的浓度稳定在防止气候系统受到危险的人为干扰的水平上。

《气候公约》由序言及26条正文组成。指出历史上和目前全球温室气体排放的最大部分源自发达国家，发展中国家的人均排放仍相对较低，因此，应对气候变化应遵循“共同但有区别的责任”原则。发达国家应率先采取措施限制温室气体的排放，并向发展中国家提供有关资金和技术；而发展中国家在得到发达国家技术和资金支持下，采取措施减缓或适应气候变化。

《气候公约》缔约方作出了许多旨在解决气候变化问题的承诺。每个缔约方都必须定期提交专项报告，其内容必须包含该缔约方的温室气体排放信息，并说明为实施《气候公约》所执行的计划及具体措施。

（来源：新华网，2011）

02 京都气候变化大会

1997年12月，《联合国气候变化框架公约》第3次缔约方大会在日本京都召开。149个国家和地区的代表通过了旨在限制发达国家温室气体排放量以抑制全球变暖的《京都议定书》。《京都议定书》规定，2008—2012年，所有发达国家温室气体的排放量要比1990年减少5.2%。具体来说，即欧盟削减8%、美国削减7%、日本削减6%、加拿大削减6%、东欧各国削减5%～8%。新西兰、俄罗斯和乌克兰可将排放量稳定在1990年水平上。议定书同时允许爱尔兰、澳大利亚和挪威的排放量比1990年分别增加10%、8%和1%。联合国气候变化会议就温室气体减排目标达成共识。

《京都议定书》需要占1990年全球温室气体排放量55%以上的至少55个国家和地区批准之后，才能成为具有法律约束力的国际公约。中国于1998年5月签署并于2002年8月核准了该议定书。欧盟及其成员国于2002年5月31日正式批准了《京都议定书》。截至2005年8月13日，全球已有142个国家和地区签署该议定书，其中包括30个工业化国家，批准国家的人口数量占全世界总人口的80%。2007年12月，澳大利亚签署《京都议定书》，至此世界主要工业发达国家中只有美国没有签署《京都议定书》。联合国确认《京都议定书》适用于澳门特区；澳大利亚承诺 2050 年前温室气体减排 60%。

截至 2004 年，主要工业发达国家的温室气体排放量在 1990 年的基础上平均减少了 3.3%，但世界上最大的温室气体排放国美国的排放量比 1990 年上升了 15.8%。2001 年，时任美国总统布什刚开始第一任期就宣布美国退出《京都议定书》，理由是议定书对美国经济发展带来过重负担。

《京都议定书》建立了旨在减排温室气体的三个灵活合作机制——国际排放贸易机制、联合履行机制和清洁发展机制。以清洁发展机制为例，它允许工业化国家的投资者从其在发展中国家实施的并有利于发展中国家可持续发展的减排项目中获取“经证明的减少排放量”。我国成为实现《京都议定书》清洁发展机制减排量最多国家。

2005 年 2 月 16 日，《京都议定书》正式生效。这是人类历史上首次以法规的形式限制温室气体排放。为了促进各国完成温室气体减排目标，议定书允许采取四种减排方式：一是两个发达国家之间可以进行排放额度买卖的“排放权交易”，即难以完成削减任务的国家，可以花钱从超额完成任务的国家买进超出的额度。二是以“净排放量”计算温室气体排放量，即从本国实际排放量中扣除森林所吸收的二氧化碳的数量。三是可以采用绿色开发机制，促使发达国家和发展中国家共同减排温室气体。四是可以采用“集团方式”，即欧盟内部的许多国家可视为一个整体，采取有的国家削减、有的国家增加的方法，在总体上完成减排任务。

（来源：新华网，2009）

03 巴厘岛气候变化大会

2007 年 12 月，《联合国气候变化框架公约》缔约方第 13 次会议暨《京都议定书》缔约方第 3 次会议在印度尼西亚巴厘岛举行。会议的主要成果是制定了《巴厘路线图》。《巴厘路线图》确定了世界各国今后加强落实《联合国气候变化框架公约》的具体领域。

《巴厘路线图》共有 13 项内容和 1 个附录。《巴厘路线图》在第一项的第一款指出，依照《联合国气候变化框架公约》原则，特别是“共同但有区别的责任”原则，考虑社会、经济条件及其他相关因素，与会各方同意长期合作共同行动，行动包括一个关于减排温室气体的全球长期目标，以实现《气候公约》的最终目标。由于美国拒绝签署《京都议定书》，美国如何履行发达国家应尽义务一直存在疑问。《巴厘路线图》明确规定，《气候公约》的所有发达国家缔约方都要履行可测量、可报告、可核实的温室气体减排责任，美国也不例外。除减缓气候变化问题外，还强调了另外三个在以前国际谈判中曾不同程度受到忽视的问题：适应气候变化问题、技术开发和转让问题及资金问题。这三个问题是广大发展中国家在应对气候变化过程中极为关心的问题。

《巴厘路线图》主要包括三项决定。一是旨在加强落实气候公约的决定，即《巴厘行动计划》；二是《议定书》下发达国家第二承诺期谈判特设工作组关于未来谈判时间表的结论；三是关于《议定书》第 9 条下的审评结论，确定了审评的目的、范围和内容，推动《议定书》发达国家缔约方在第一承诺期（2008—2012 年）切实履行其减排温室气体承诺。《巴厘路线图》在 2005 年蒙特利尔缔约方会议的基础上，进一步确认了气候公约和《议定书》下的“双轨”谈判进程，并决定于 2009 年在丹麦哥本哈根举行的气候公约第 15 次缔约方会议和议定书第 5 次缔约方会议上最终完成谈判，加强应对气候变化国际合作，促进对气候公约及《议定书》的履行。

《巴厘路线图》总的方向是强调加强国际长期合作，提升履行气候公约的行动，从而在全球范围内减少温室气体排放，以实现气候公约制定的目标。为此，会议决定立刻启动一个全面谈判进程，以充分、有效和可持续地履行气候公约。这一谈判进程要依照气候公约业已确定的原则，特别是“共同但有区别的责任和各自能力”的原则，综合考虑社会、经济条件以及其他相关因素。

《巴厘行动计划》要求加强国际合作执行气候变化适应行动，包括气候变化影响和脆弱性评估，帮助发展中国家加强适应气候变化能力建设，为发展中国家提供技术和资金，灾害和风险分析、管理，以及减灾行动等。要求加强减缓温室气体排放和适应气候变化的技术研发和转让，包括消除技术转让的障碍、建立有效的技术研发和转让机制，加强技术推广应用的途径、合作研发新的技术等。要求为减排温室气体、适应气候变化即技术转让提供资金和融资。要求发达国家提供充足的、可预测的、可持续的新的和额外的资金资源，帮助发展中国家参与应对气候变化的行动。

《巴厘路线图》为下一步气候变化谈判设定了原则内容和时间表。2008 年和 2009 年的谈判将把原则内容转化为具体法律语言。谈判因涉及各国的实质利益而异常复杂、艰苦和曲折。然而，目前全世界都对这项谈判寄予厚望，希望谈判能够取得预期的成功，使所有国家从2013年开始都按要求履行具体的减排温室气体的承诺或行动。

（来源：《新华国际》，2007）

04 哥本哈根气候变化大会

2009年12月，在丹麦首都哥本哈根召开了《联合国气候变化框架公约》第15次缔约方会议暨《京都议定书》第5次缔约方会议。192个国家的环境部长和其他官员们商讨《京都议定书》一期承诺到期后的后续方案，就未来应对气候变化的全球行动签署新的协议。这是继《京都议定书》后又一具有划时代意义的全球气候协议书，毫无疑问对地球今后的气候变化走向产生决定性的影响。这是一次被喻为"拯救人类的最后一次机会"的会议。根据2007年在印尼巴厘岛举行的第13次缔约方会议通过的《巴厘路线图》的规定，2009年末在哥本哈根召开的第15次会议通过一份新的《哥本哈根议定书》，代替2012年到期的《京都议定书》。基于现实困境，各国政府、非政府组织、学者、媒体和民众都非常关注本次哥本哈根世界气候大会。美国总统奥巴马及时任中国国家主席胡锦涛已经多次就此话题表态。而中美两国对气候变化议题的态度一直都是全球媒体的关注重点。

会议焦点主要集中在"责任共担"。气候科学家们表示，全球必须停止增加温室气体排放，并且在2015—2020年间开始减少排放。科学家们预计，想要防止全球平均气温再上升2℃，到2050年全球的温室气体减排量需达到1990年水平的80%。但是哪些国家应该减少排放，该减排多少，这些问题需要各国在大会上协商解决。

作为2012年《京都议定书》第一阶段结束后的后续方案，在此次会议上，国际社会需就以下四点达成协议：工业化国家的温室气体减排额是多少？像中国、印度这样的主要发展中国家应如何控制温室气体的排放？如何资助发展中国家减少温室气体排放、适应气候变化带来的影响？如何管理这笔资金。

哥本哈根气候变化大会预期为后京都时代定下行动的基调，被广泛认为是人类遏制全球变暖行动的一次重要机会，具有里程碑式的意义。但是，此次会议最终仅达成不具法律约束力的《哥本哈根协议》，未确定具有约束力的减排目标。

（来源：新华网，2009）

05 坎昆气候变化大会

2010 年 11 月，《联合国气候变化框架公约》第 16 次缔约方会议暨《京都议定书》第 6 次缔约方会议在墨西哥海滨城市坎昆举行。会议通过了两项应对气候变化决议，推动气候谈判进程继续向前，向国际社会发出了积极信号。

决议对棘手问题“《京都议定书》第二承诺期”采用了较为模糊的措辞：《议定书》特设工作组应“及时确保第一承诺期与第二承诺期之间不会出现空当”。这一说法虽然认可存在第二承诺期，但并未给出落实第二承诺期的时间表。决议还敦促《议定书》“附件一国家”（包括大部分发达国家）提高减排决心。

决议认为，在应对气候变化方面，“适应”和“减缓”同处于优先解决地位，《联合国气候变化框架公约》各缔约方应该合作，促使全球和各自的温室气体排放尽快达到峰值。决议认可发展中国家达到峰值的时间稍长，经济和社会发展以及减贫是发展中国家最重要的优先事务。

决议还认为，发达国家根据自己的历史责任必须带头应对气候变化及其负面影响，并向发展中国家提供长期、可预测的资金、技术以及能力建设支持。决议还决定设立绿色气候基金，帮助发展中国家适应气候变化。

决议坚持了《气候公约》、《议定书》和《巴厘路线图》，坚持了“共同但有区别的责任”原则，确保了明年的谈判继续按照《巴厘路线图》确定的双轨方式进行。不过，坎昆大会未能完成《巴厘路线图》的谈判。

尽管决议并不完美，但与会的绝大多数代表都认为，决议可以接受。墨西哥总统卡尔德龙表示，决议“开启了气候变化合作新时代”。美国气候变化特使斯特恩认为，决议“指引了前进的方向”。坎昆气候大会中国代表团团长、国家发改委副主任解振华表示，决议案文“均衡地反映了各方意见，虽然还有不足，但中方感到满意”。

值得一提的是，在出席大会的 194 个缔约方中，只有玻利维亚反对这两份决议，但是坎昆大会主席、墨西哥外长埃斯皮诺萨指出，必须尊重其他 193 个缔约方的意见，两份决议获得通过。

（来源：新华网，2010）

06 德班气候变化大会

2011年12月，《联合国气候变化框架公约》第17次缔约方大会在南非东部港口城市德班召开。“绿色气候基金”是德班气候大会核心议题。德班结束谈判决定，实施《京都议定书》第二承诺期并启动“绿色气候基金”。会议主要有两个方面的议程，一是落实2010年墨西哥《坎昆协议》的成果，启动“绿色气候基金”，加强应对气候变化的国际合作；二是关于续签《京都议定书》第二承诺期的谈判，这是各国要面对的复杂的政治任务。

欧盟、美国、“伞形集团”、“基础四国”、“77国集团”、小海岛国家以及最贫穷国家等虽然从不同的立场出发阐述了各自观点，各方在《京都议定书》第二承诺期等关键性问题上分歧依然严重，尤其是日本、加拿大、俄罗斯表示不准备续签《京都议定书》第二承诺期和美国的低减排目标，降低了人们对德班气候会议的期待，为德班气候会议蒙上了阴影。

作为德班气候变化会议的主要议程之一，续签《京都议定书》第二承诺期无疑将是各方在此次会议上谈判的重点。欧盟代表团谈判代表举行新闻发布会表示，欧盟期待此次会议落实《坎昆协议》成果，启动“绿色气候基金”，同时期待能够达成约束性减排目标。但欧盟气候变化谈判代表表示，欧盟的温室气体排放量只占全球排放量的11%，在一些主要经济体不承诺减排以及俄罗斯、日本、加拿大不准备续签《京都议定书》第二承诺期的情况下，欧盟承诺强制减排意义不大。他表示，欧盟对签署约束性减排协议持开放态度，期待达成“德班路线图”，并形容这样的“德班路线图”为“订婚”，即主要经济体承诺减排及如何实现减排，但可以暂不规定开始强制减排的日期。

发展中国家对续签《京都议定书》第二承诺期态度坚决。“基础四国”（中国、印度、巴西、南非）在第九次气候变化部长级会议上提出一个共同目标，即坚持《京都议定书》的二期承诺，希望在美国能够做出量化减排承诺的基础上，进一步落实发展中国家的减排行动。“77国+中国”和小岛国都支持这个立场，英国也表态支持。英国外交部气候变化特别代表约翰·阿什顿表示，英国正在努力推动欧盟把温室气体减排目标无条件地从20%提高到

30%。为此英国还愿意进一步提高自己的减排目标。

一些发达国家在该问题上立场迥异。美国气候变化谈判特使斯特恩表示，在德班气候会议上美国不会就《京都议定书》问题与各方进行磋商，也不认为各方会在德班对2020年前的减排承诺达成具有约束力的协议。日本环境大臣细野豪志也表示，日本反对延长《京都议定书》，希望达成所有主要排放国都参与的公平、具有约束力的新国际框架协议。

气候资金安排和技术转让关系到各国特别是广大发展中国家的切身利益，也是德班气候变化会议的一个焦点。气候资金安排分为短期资金和长期资金。根据《坎昆协议》，发达国家应该在2010—2012年为发展中国家提供300亿美元的“绿色气候基金”，这是短期资金。长期资金是在2012—2020年，每年提供1000亿美元支持发展中国家应对气候变化。

发展中国家希望发达国家尽快落实这些气候资金安排，帮助发展中国家应对气候变化。联合国秘书长潘基文也发出呼吁，敦促富裕国家的政府在经济困难时期加大捐款力度，以免这项全球性气候变化基金面临成为一个“空壳”的危险。祖马力主在德班气候会议上启动“绿色气候基金”，并希望发达国家提供“绿色气候基金”的启动资金。在气候融资方面，非洲国家强调，资金问题常务委员会应投入运行，并建议设立一个关于长期融资的附加议程。在技术转让方面，非洲国家认为德班会议应做出决定，使发达国家向发展中国家的技术转让机制在2012年实现运转。

发达国家对此态度不一。欧盟表示，欧盟承诺在2010—2012年提供72亿欧元应对气候变化资金，目前已经兑现其中的2/3，并愿意进一步提供相关资金，支持建立金融支持机制。美国气候变化特使斯特恩表示，美国赞成设立“绿色气候基金”帮助发展中国家应对气候变化，不过设立基金的大门并非只对发达国家开放，对发展中国家、私营机构也是敞开的。

（来源：《自然与科技》，2012）

07 多哈气候变化大会

2012年11月，《联合国气候变化框架公约》（以下简称《公约》）第18次缔约方会议暨《京都议定书》（以下简称《议定书》）第8次缔约方会议在卡塔尔多哈召开。会议通过《京都议定书》修正案、《长期合作行动》、《德班平台》、气候资金、“损失和破坏”等“一揽子”决议。中国代表团团长解振华指出："多哈会议从法律上确定了《议定书》第二承诺期，维护了《公约》和《议定书》基本制度框架，向国际社会发出了积极信号。"

多哈会议最终避免了一无所获，却并不意味着可以值得庆幸。就参与国家的积极性而言，美国、加拿大、日本、新西兰和俄罗斯等国先后明确不参加《议定书》第二承诺期。印度、巴西等国家继续实施"自行减排"政策，未来第二期承诺中实施强制减排的份额不到20%。这样的局面使得很多发达国家有理由拒绝履行减排义务。因为全球碳排放大户都没有进行强制减排，必然削弱了其他份额较低国家参与其中的效力。

除了强制减排计划参与国数量减少、分量减弱之外，成立于德班气候大会的"绿色气候基金"也由于资金难以到位，而极易成为一个空壳框架。鉴于全球范围经济不景气的大背景，世界各国在投入绿色方面的资金都显得捉襟见肘。此前一直对"绿色气候基金"抱有热忱希望的欧盟，也因为欧债危机的影响，而在此次会议上选择默不作声。

《议定书》即将启动第二期的时段，针对第一期碳排放"余额"的处理又引发了争议。众所周知，《议定书》针对各国的减排任务均以1990年的排放量为基准，诸如俄罗斯、波兰等东欧国因为恰好在过去20余年间经历了经济衰退，俄罗斯更是因为继承了苏联的排放量，使得本国在面对减排责任时，一直处于高枕无忧的状态。而眼下第一期承诺行将结束，处于经济复苏期的上述国家便希望第一期的排放余额可以转移到第二期，或者是进入碳排放市场进行交易。

美国自始至终也不愿意加入协议，甚至一度以否决气候危机爆发的可能性作为理由；加拿大眼看自己的减排任务无法完成，要遭受136亿美金的罚款，干脆选择退出；俄罗斯习惯了高枕无忧的状态，一旦要重新洗牌，也立马选择了退出。这些披着维护国家利益的行为无一不证明，国家这一组织在应对气候问题上，存在着太多的问题。

按照乐观者的预期，气候大会原本应该是各国凝聚共识、分享技术、汇集资金的一个平台，但现在公众眼前闪过的却更多是各国自私自利，忙于推卸责任的行为。从2009年哥本哈根大会上的2.4万参与者，到此次多哈会议的1.7万名参与者，人数上的锐减也成为人们对待气候大会心灰意冷的一个直接投射。

（来源：中国新闻网，2012）

08 联合国气候变化谈判

2007 年 12 月，联合国气候变化大会在印度尼西亚巴厘岛开幕，会议着重讨论 2012 年后应对气候变化的措施安排等问题，特别是发达国家应进一步承担的温室气体减排指标。大会原定 12 月 14 日结束，但由于立场上的重大差异，美国与欧盟、发达国家与发展中国家之间激烈交锋，会期被迫延长 1 天。最终于 12 月 15 日通过的《巴厘路线图》决定在 2009 年年底前就应对气候变化问题的新安排举行谈判，为关键议题确立了明确议程，并以附录形式计划 2008 年举行 4 次有关气候变化的大型专门会议。

第一轮联合国气候变化谈判在曼谷举行，有 162 个国家逾 1000 代表共同参与联合国气候变化论坛会议。此次会议将讨论联合国气候变化公约下的关于二氧化碳排放的长期目标。为期 5 天的论坛会议是 2007 年于印尼巴厘岛召开的联合国气候变化纲要公约第十三届缔约国大会暨《京都议定书》第三届缔约国会议的延续。此次会议主要讨论缓解全球暖化问题的长期目标及控制范畴，讨论议题将涉及应对策略、减少二氧化碳排放、技术传播、资金机制及全球减少二氧化碳排放的新观点。

第二轮联合国气候变化谈判在德国波恩举行，重点是为 2009 年在丹麦举行的联合国气候变化大会拟订基础文本。《联合国气候变化框架公约》秘书处负责人伊沃 · 德博埃尔在此次谈判的开幕式上呼吁发达国家向发展中国家提供足够资金，因为发展中国家需要应对全球气候变暖的技术。德博埃尔认为，如果发达国家不能提供足够资金，国际社会就无法在 2009 年年底前就 2012 年后应对气候变化的新安排达成协议。此轮谈判将持续约 2 周时间，共有来自全球 172 个国家和地区的 2400 多名代表参与。

第三轮联合国气候变化谈判在加纳首都阿克拉开幕。会议在一些关键问题上取得重要进展，增强了各方在 2009 年底联合国气候变化大会上达成协议的信心。此次会议旨在为 2009 年底的哥本哈根联合国气候变化大会拟订基础文件。哥本哈根会议将就 2012 年后应对气候变化的新安排进行讨论，力争达成协议。会议进一步明确，“按行业设定减排目标”不应导致发展中国家承诺减排限额，是否采取行业方法应由一个国家自行决定。与会代表还认为，发达国家应为帮助发展中国家减排和适应气候变化筹集更多资金。

他们指出，穷国尤其是非洲国家将是气候变化的最大受害者。不过，一些与会代表也指出，要想在哥本哈根达成协议还有很长的路要走，因为发达国家与发展中国家在如何分配温室气体减排指标方面还有很多分歧。一些代表认为，哥本哈根会议能否达成协议将在很大程度上取决于下一届美国政府的态度。

第四轮联合国气候变化谈判在波兰举行。《联合国气候变化框架公约》秘书处负责人伊沃·德博埃尔说，气候谈判进程已经加快，各国政府都表现出严肃认真的态度，希望能在哥本哈根谈出结果。阿克拉会议讨论了如何减少发展中国家因砍伐森林和森林退化带来的温室气体排放。德博埃尔说，与会代表都明确表示，森林问题应成为可能达成的哥本哈根协议的组成部分。他说，这一点十分重要，因为砍伐森林引起的温室气体排放占全球温室气体排放总量的20%左右。各方代表还为如何保护森林献计献策，沙特阿拉伯代表则呼吁向伐木业征税。

（参考：网络《新浪·新闻中心》2012）

09 “非加太—欧盟”联合大会

欧盟官方网站报道，2012年5月在欧盟轮值主席国丹麦霍森斯市举行的非加太—欧盟联合大会上，来自非洲、加勒比、太平洋地区的160名国会议员和欧洲议会的议员们一起就气候变化及其对发展中国家的影响进行了深入的探讨。欧盟气候行动专员康妮·赫泽高和丹麦气候、能源和建筑部长马丁·里德嘉德也参与了讨论。他们两位在发言中均表示，当下向可持续发展模式过渡并不会以牺牲经济增长为代价，但需要更多的人、更多的国家做出承诺，也需要各国组成跨洲联盟并肩努力。

欧盟专员康妮·赫泽高在会议期间会见了汤加国会议员。汤加是太平洋上的一个岛屿国家，正因气候变暖受到海平面上升、洪水泛滥的威胁。

据悉，与会的政治家们将代表非加太—欧盟地区四大洲的105个国家就可持续发展问题发布联合声明，以期2012年6月在里约热内卢举行的G20首脑会议可以将此次讨论作为参考并总结出适合21世纪的可持续发展模式。

（来源：网络《新华新闻》2011）

10 八国集团首脑会议

2007年6月，八国集团峰会在紧张的气氛中召开。首先，德国和美国在气候变化问题上有明显分歧；其次，俄罗斯与美国因美执意在东欧部署导弹防御系统而关系紧张。俄欧关系因双方在波兰肉食品进口解冻、科索沃地位等问题上的分歧而降温。俄罗斯总统普京与西方领导人在峰会上的互动也备受关注。

经过艰苦谈判，八国集团就应对气候变化问题达成妥协，同意“认真考虑”德国等方提出的关于到2050年全球温室气体排放量比1990年降低50%的建议，并一致认为有关谈判应在联合国框架内进行。默克尔表示，这是目前八国能够达成的“最佳妥协方案”，是全球努力防止气候变化的“转折点”。这一妥协方案的达成向在印尼巴厘岛举行的联合国气候大会传递了一个强烈的信号，为各国在2009年之前通过谈判达成一项“后京都时代”的温室气体减排框架协议扫清了道路。八国集团首脑会议举行了主题为“世界经济的增长和责任”的磋商。与会八国领导人同意，就全球面临的挑战进一步加强与新兴发展中国家的对话机制。

这意味着德国倡导的加强与新兴发展中国家合作的“海利根达姆进程”得以启动。这一进程的目的是推动中国、印度、巴西、墨西哥和南非等发展中大国的参与。按照“海利根达姆进程”，德国计划在2004—2006年，与新兴发展中国家就投资自由化、知识产权保护、原材料和发展援助等问题启动对话机制。

得益于德国的积极推动，如何为全球气候“降温”成为八国集团首脑峰会上最炙手可热的话题。德国希望其他工业大国能够共同承诺，到2050年实现全球温室气体排放比1990年的排放水平降低50%，全球平均气温上升不超过2℃。此间观察家认为，尽管控制温室气体排放关乎全球可持续发展，但出于对自身经济利益的考虑，各国将很难就此达成共识。这一具体目标从一开始就遭到了美国的反对。

帮助非洲大陆摆脱贫困是八国峰会的另一热门话题。德国总理默克尔在2004年强调，八国集团不仅要向非洲提供援助，而且要与非洲国家建立伙伴关系，通过推行“良政”和发展当地金融业来促进非洲自身经济发展。但分析人士指出，德国的“新方式”无异于“新瓶装旧酒”，反而会淡化发达国家向穷国提供资金和技术转让等方面的责任。

（来源：网络《新浪·新闻中心》2004）

11 联合国小岛屿国家会议

2005年，来自50多个小岛屿国家的专家在毛里求斯召开会议讨论气候变化和食品安全问题。所谓的发展中小岛国是5000多万人的家园。这些小岛国家包括海地、斐济、牙买加及会议的主办地毛里求斯。此次会议的主题是：从弊端到机遇。

发展中小岛国因为面积小而存在很多弊端。他们在很大程度上以单一商品或者旅游作为赖以为生的收入来源。他们也容易受到气候变化和其他自然灾害影响。

小岛屿国家和领土已经受到了气候变化所带来的影响。极端的气候条件、更频繁的飓风和干旱及所有的一切影响着岛屿。因此他们非常易受影响，他们已经有很多的自然灾害，从海地到许多岛屿一直面对这些问题。

他们还关心自2007/2008年全球食品危机以来已经普遍不稳定的食品价格。食品危机对于这些小国家的影响非常大，因为他们大量进口食品以供给从外而来的大量游客。而当全球价格上涨的时候他们进口的账单就会受到影响。但是现在他们更多关注的是当地农业的发展。不仅可以降低食品进口的费用，而且给予消费者所称的更健康的选择。会议参加者看到的既是挑战也是机遇。

会议主要的议题是如何提高改善这种类型的问题，以及他们如何能不时地在一个更好的位置以应对这些危机。这些岛屿国家在2005年6月举行的联合国可持续发展大会表达了他们的忧虑和想法。联合国将已有的52个国家和地区划分成发展中小岛国。大多数是在加勒比海和太平洋地区。

（来源：新华网，2005）

12 “德班平台”首次亮相国际舞台

2012年，联合国气候变化谈判在德国波恩举行，谈判在德班气候大会确立“加强行动德班平台特设工作组”（下称“德班平台”）最终达成谈判议程，并确定了主席团成员。“德班平台”的确立，意味着2020年后要产生一个新的、有法律约束力的条约。

波恩会议是“德班平台”首次亮相国际舞台，因而广受关注。按照德班大会决议，“德班平台”的主要任务是在2015年前达成一个适用于《联合国气候变化框架公约》(以下简称《公约》)所有缔约方的法律文件或法律成果，作为2020年后各方加强《公约》实施、减控温室气体排放和应对气候变化的依据。

纵观这次会议，发达国家普遍对全新的“德班平台”兴奋异常。因为各缔约方都很清楚，《京都议定书》在第二承诺期后就完成了使命，换句话说，在多哈会议上它的使命就基本完成。余下的一些工作就是对《京都议定书》第一承诺期和第二承诺期进行评估，对那些不在第二承诺期作出承诺的附件一国家，应该有什么惩罚措施。而“德班平台”的确立，对发达国家而言，这似乎是一个改变现有谈判框架和另起炉灶的绝佳机会。但发展中国家对此高度警惕，并与之展开针锋相对的斗争。

围绕“德班平台”谈什么、怎么谈的问题，与会代表激烈交锋。表面上看这似乎只是程序之争，但它实质上关系到这一新的谈判轨道是否继续坚持《公约》和《京都议定书》所确立的公平和“共同但有区别责任”的原则，是否全面理解和落实德班会议共识等根本性问题。

“德班平台”的建立揭开了新的气候谈判条约的序幕。2020年后要产生一个新的、有法律约束力的条约。在这新的条约谈判的背景下，缔约方政治博弈显示出一个新的变化、新的格局。因此我们要充分地、认真地研究和思索，这究竟意味着什么，给我们什么新的启示，采用什么新的策略。

（来源：网络《新华每日电讯》，2012）

13 气候变化大会的“遗憾”事

里约“细节未尽”。2010年，在170多个国家的代表参加的里约热内卢气候会议上，签订的《联合国气候变化框架公约》是世界上第一个为全面控制温室气体排放以应对全球变暖的国际公约。虽历史意义极其重要，但仍存在细节未尽的遗憾：会议未能就发达国家应提供的资金援助和技术转让达成具体协议，只能留下资金数额、时间限制等问题有待进一步磋商解决的局面。正如时任巴西总统科洛尔所说的：“播种已完成，收获还需努力和奉献。”

京都“是非共存”。1997 年的京都写下了具有法律约束力且具有里程碑意义的《京都议定书》，然而解决气候问题的道路依然坎坷。迄今为止，虽然共有 183 个国家通过了该条约，但令人遗憾的是，200 多年来一直在工业化领域和经济发展独占鳌头的美国却于 2001 年宣布退出《京都议定书》，世界哗然。有分析尖锐地指出，仅占全球人口 3% ～ 4% 的美国，所排放的二氧化碳却占全球排放量的 1/4 以上，将自己的经济利益凌驾于全球环保事业之上的美国人，不签署议定书的勇气从何而来？

巴厘岛“不再浪漫”。2007 年，以浪漫之地著称的巴厘岛上艰难达成了《巴厘路线图》。然而由于一些发达国家缺乏政治诚意，不仅实现既定目标的进展十分缓慢，而且还在最后签署的文件上留下了遗憾。由于美国、日本等国反对发达国家 2020 年前将温室气体排放量相对于 1990 年排放量减少 25% ～ 40% 的目标，最后文本删除了具体目标的表述，只是明确了“解决气候变化的急迫性”。不仅如此，对发达国家向发展中国家转让技术和提供资金等问题也只提出了含糊要求，并未明确。

哥本哈根“童话”。丹麦是安徒生的故乡，围绕全球气候变暖问题上演激烈交锋的发展中国家与发达国家，似乎也在谱写着新的“童话”——毫无法律约束力的《哥本哈根协议》，以及未能解决的五大核心问题。一是谈判的基础文件，二是减排目标，三是“三可”问题（可测量、可报告和可核实），四是长期目标，五是资金问题。作为全球经济规模最大和碳排放量最大的经济群体，美国、日本、欧盟等继续坚持“单轨制”的政策让发展中国家无法接受，资金援助、技术转让的承诺恐怕只会飘在空中。

（来源：《人民日报（海外版）》，2010）

第九章　低碳时代与低碳生活

全球气候变化是当今世界面临的最富有挑战性的问题，如何减少温室气体排放已成为国际气候谈判、全球环境政策与集体行动之合作与协调的焦点。2009年2月美国通过《美国复苏与再投资法案》，将新能源作为“后危机时代”振兴美国经济的战略重点。2009年6月“欧盟委员会”全力打造具有国际水准和全球竞争力的“绿色产业”，为后危机时代提供可持续增长的动力。2012年11月，中国共产党十八大报告提出“推进生态文明，建设美丽中国”的美好蓝图。大力弘扬低碳理念，保护地球环境，低碳生活势在必行。

01 全球行动，给地球降温

异常的气候变化混淆了四季，频繁的自然灾害导致生灵涂炭，海洋生物急剧消亡……气候变暖已经给我们敲响了警钟。要拯救地球和人类，又要保证经济发展的速度不会因此放慢，科学家们紧急呼吁：全球总动员，给地球降温！

温室气体让气候发了疯。只有先进的能源技术和有力的政策，才能打破“温室”魔咒，让气候保持正常。

可再生能源异军突起。太阳能、风能、水能……可再生能源发展迅猛，有望独当一面，取代化石燃料的一天并不遥远。

汽车最爱氢燃料。油价飙升，又舍不得爱车闲置？试试又经济又清洁的氢燃料，它即将成为汽车的最爱。

未来交通，清洁与便捷的交响。现代人生活在车轮上，现有的交通运输体系让我们爱恨交加：在提供方便的同时，造成的碳排放也不容小觑。全方位改进技术，科学家为我们弹奏未来交通的美妙乐章：清洁与便捷的交响。

建筑节能新方向。从化石燃料到有效能源，大部分能量白白流失。建

中国围绕“低碳社区”主题，结合“全国低碳日”，逐步引导社区居民接受绿色低碳生活方式和消费模式（图片来源：人民网）。

筑、电器和生产工艺的节能优化，将帮助我们改善能源利用率，阻断碳排放的源头。

为落实好国家“十二五”规划中提出的应对气候变化、推动绿色低碳发展这一任务和目标，不仅需要政府积极推动，最重要的是要调动全社会力量参与此项工作，真正落实到家庭和社区中。

（来源：人民网，2012）

02 二氧化碳捕集与封存

二氧化碳捕获和封存技术是一种能够在短期内稳定或者降低大气中温室气体浓度的技术方案。世界上正在运行的较有代表性的二氧化碳捕获和封存技术项目主要有挪威的 Sleipne 项目、阿尔及利亚的 Insalah 项目、加拿大 Weyburn 项目和我国的神华 CCUS 项目。

中国主要应用三种方法捕集电厂化石燃料燃烧产生的二氧化碳气体。第一，燃烧前二氧化碳捕获系统。将二氧化碳从化石燃料经过气化和蒸汽重整后产生的合成气中分离出来，用于煤气化联合循环发电技术的电厂。优点是合成气中二氧化碳的分压较高，可以采取物理吸收等捕获技术来降低减排能耗；其缺点是燃料的初步转化步骤较复杂，与燃烧后捕获系统相比发电设备的总成本比较高。第二，富氧燃烧二氧化碳系统。一次燃料在燃烧时使用的是纯氧而非空气，因此燃烧后得到的是二氧化碳和水的混合蒸气，将水蒸气冷却之后便可得到高浓度的二氧化碳。优点是通过冷却和清除水蒸气便可得到高浓度的二氧化碳，捕获成本非常低；缺点是制备燃烧所用的高纯度氧气的能耗很高。第三，燃烧后捕获系统。将二氧化碳从一次燃料在空气中燃烧后产生的烟道气中分离出来，用于燃烧锅炉和汽轮机发电等场合。电厂烟道气中的二氧化碳的浓度和分压较低，二氧化碳捕获费用相对来说偏高。该捕获系统可以对既有电厂进行机组改装后安装二氧化碳捕获设备，不需要对现有的燃煤电厂进行过多的结构改造，因此有较为广泛的适应性和较大的市场潜力。

目前，烟道气中二氧化碳燃烧后捕获的方法很多，主要有物理化学溶剂吸收法、固体吸附法、低温蒸馏法、膜分离法以及方法之间的耦合等。其中，化学吸收法已经在天然气处理、氢气和氨气生产等工业领域使用很多年，工艺流程比较成熟，但是填料塔等传统的化学吸收装置在操作时存在气液两相无法单独控制，在操作过程中容易出现液泛、沟流、雾沫夹带等工程技术问题。固体吸附法是利用吸附剂对原料混合气中二氧化碳的选择性不同，通过吸附—解吸可逆作用来分离二氧化碳，现有的大多数固体吸附剂的吸附容量和对二氧化碳的吸附选择性比较差，所以不适用于处理大规模燃煤电厂的烟道气脱碳。低温蒸馏法是通过低温冷凝的方法将二氧化碳从烟道气中分离出来，分离方法虽然能分离出高浓度的二氧化碳，但能耗较高，一般只适用于处理含有高浓度二氧化碳的烟道气。传统的膜分离法是利用某些聚合材料如醋酸纤维、聚酰亚胺、聚砜等制成的薄膜对不同气体的渗透率的不同来分离气体的过程。

基于上述各种方法都有独特的优点和缺点，将上述两种或者多种分离方法结合起来，发展成为新一代的集成分离技术。可以发挥各种分离方法的技术优势，提高分离过程的效率并降低二氧化碳减排的能耗和成本。

（来源：李灵燕等，2009）

03 森林旺盛生长，延缓地球升温

全球变暖使地球上的绿色植物生长旺盛，其光合作用比地球升温前吸收了更多的二氧化碳，固定了一部分温室气体，使这部分温室气体不再阻止地球上的热量向外辐射，也在一定程度上抵消了温室效应。地球升温使地球上液态水总量增加，绿色植物吸收更多温室气体，反过来延缓了地球升温的趋势，有利于达到均衡。当然，随着地球升温趋势的缓解，地球上液态水增量和被吸收的主要温室气体增量越来越小，如果不减少二氧化碳等温室气体的排放量，地球又会升温，在地球上引起新一轮的液态水总量增加和绿色植物

全球变暖使地球上的绿色植物生长旺盛，固定部分温室气体，在一定程度上抵消了温室效应（图片来源：汇图网）

生长峰值，再次延缓地球升温的趋势。所以，在不减少二氧化碳等温室气体排放量的情况下，上述均衡会交替地形成和打破，如此循环使地球气温较之以前发生更大的波动，而不是单调递增；而如果减少二氧化碳等温室气体的排放或将排放的温室气体固定，可平衡地球气温的波动。

地球升温使地球上的部分冰雪消融，全球液态水总量增加。而液态水的比热容高于冰雪，因温室效应而增加的热量因为地球上液态水总量增加而未使水的温度显著上升，因温室效应而增加的热量虽然使地球上的岩石、土地等温度显著上升，但由于其与地球上的液态水发生热交换，使整个地球不再显著升温，在一定程度上抵消了温室效应，延缓了地球上冰雪的融化。

（来源：网络《挽救地球》，2010）

04 建造人工太空环，调节地球温度

科学家们提出了一个大胆的想法，要围绕地球建立一个由小微粒或太空飞船组成的人工太空环，遮蔽热带阳光，调节地球温度。不过一些反对者认为，这种想法肯定会有一些副作用，一个能够对太阳光进行有效散射的粒子带将会使我们的每个夜空都变成和满月时一样明亮；而且这一计划的预算将高得惊人，可能达到6万亿到200万亿美元，就连全球资金最为充足的科研机构美国航空航天局也无法承担，如果把散射粒子改为太空飞船的话，预算

额可能会少一些，估计能降到5000亿美元左右。

地球诞生以来，大气温度曾经几度升降，太阳辐射、云层遮蔽和温室气体等各种因素都曾经或正在影响着我们的气候。如果给地球围上一个粒子或飞船组成的腰带的话，赤道上空就会出现一个阴影，要部署这些粒子，就必须使用一些专门的控制飞船，像牧羊犬一样照看粒子群。

科学家指出，减少太阳光照射，地球温度就会降低，而一些地面或太空系统完全可以实现这一目的。不过，有科学家指出，人们目前还无法计算出地球到底能吸收多少阳光，又有多少阳光被反射回太空，而这正是实施上述计划的关键一步。

美国科学家研究显示，古代农民的活动曾使世界避免进入新冰川期。这一结果说明，人类活动引起的全球气候变暖不是新现象，它可能持续了数千年。英国《观察家报》最近援引研究人员的话说，砍倒大树并开垦第一片田地的史前农民使地球大气中甲烷和二氧化碳等温室气体含量发生了很大变化，全球气温因此逐渐回升。美国弗吉尼亚大学教授威廉·拉迪曼说："要不是早期农业活动带来的温室气体，目前地球气温很可能还是冰川时期的气温。"

（来源：网络《科技时代》，2012）

05 CH_2OO清理大气，实现地球降温

英国和美国科学家联合报告了双自由基CH_2OO的潜在功用。这些无形的化学中间产物，是针对二氧化氮和二氧化硫等污染物的强效氧化剂，能够自然地清理大气，达到为地球降温的效果。

尽管早在20世纪50年代科学家对CH_2OO的存在做出了假设，但直到现在它们才被探测出来。在桑迪亚国家实验室设计的独特装置的支持下，对于CH_2OO反应速度的测量成为了可能。借助来自劳伦斯伯克利国家实验室第三代同步加速器强烈的可调节光，科学家可辨别出多种同质异构的物种（包含同样的原子，但排列组合不同的分子）的形成和消亡。同时，研究人员发现CH_2OO的反应速度比最初预想更快，并会加速大气中硫酸盐及硝酸盐的形成。这些化合物将导致气溶胶的形成，并最终导致云的形成，从而为地球降温。科研人员坚信进一步研究可证实，CH_2OO能在气候变化的平衡中发挥重要作用。

（来源：《科技日报》，2012）

06 蓝天变白云，抑制全球变暖

美国科学家警告称，如果温室效应持续恶化，科学家可能将不得不实施极端方案抑制全球变暖，而这也许会把蔚蓝的天空变成白色的云。

2008年，美国科学家提出了一种比较新的观点，他们认为可以采用“地球工程技术”控制气候变暖（张强等，2011）。斯坦福大学科学家本·克罗维兹说，万不得已时我们可以通过“地球工程”抑制全球变暖，比如将直径在0.1～0.9微米的微粒散布在大气中，就可以反射太阳光，使地球降温。但这些微粒也会产生一些副作用。比如它们会将天空的蓝色“洗掉”，使其变成朦胧的白色。

其实，现实中可以采取各种各样的办法。例如，向高层大气中注入少量极细的硫颗粒就可以实现挡掉1%～2%太阳辐射光的效果；其次，让舰队向空中喷洒海水或许也能取得类似效果，因为这增加了低云的厚度，也增加了云的反射率。另外，除了在空中想办法外，在地面也可以做文章。譬如把楼顶刷成白色可以增加地表对太阳光的反射，减少实际进入大气的太阳净辐射，

将天空的蓝色“洗掉”，使其变成朦胧的白色，控制气候变暖（图片来源：汇图网）

达到降低大气温度的目的。

尽管对采用“地球工程技术”仍然有不少质疑的声音，认为硫颗粒可能导致平流层臭氧损耗、造成酸雨事件，甚至破坏或扰乱地球系统本来的规律。不过，皮纳图博火山提供的证据表明，它对大气成分的影响几乎微不足道，负面影响不会太大，更何况它与失去控制的全球变暖相比的危险也许要小得多。目前，非常认真地对待地球工程技术的科学家和环境经济学家已经越来越多，美国国家科学院、美国航天局、能源部已经肯定这项技术是可行的。

（来源：国际在线，2012）

07 污气培育海藻，减排温室气体

加拿大安大略省正在帮助Pond生物燃料公司开发空气净化技术。在政府的支持下，Pond公司正在圣玛丽斯水泥厂试运行一套全新的高科技二氧化碳吸收系统。新系统通过吸收烟囱排放的污浊气体，将其用于培育海藻，从而达到减排温室气体的目的。培育而成的海藻可用于生产石油或转换成为生物柴油和生物塑料。Pond公司预计于2014年底前在圣玛丽斯地区将该套系统全面商业化。

海藻是世界上生长最快的生物体之一，消耗近两倍于其自身重量的二氧化碳。据悉，1吨海藻可产生100公升或更多的生物柴油。预计2011年全球生物燃料市场规模约为827亿加元，到2021年可增长至1850亿加元。

Pond生物燃料公司首席执行官Steve Martin表示：“解决工业废气排放问题需要来自整个行业、政府、技术及资金的共同支持。接下来，Pond公司在加拿大安大略省研发的技术将应用于其他重点行业，如钢铁、发电和资源开采。”

（来源：中国能源网，2012）

08 倡导绿色建筑，缓解全球变暖

建筑是对自然资源和环境影响最大的活动之一，在全球的资源消耗中，建筑能耗占了近1/3，大力发展绿色建筑是降低建筑能耗、应对气候变化的首要之选。绿色建筑有着帮助人类应对环境和经济挑战的巨大潜力，已经成为国际公认的建筑发展导向。

绿色建筑具有帮助人类应对环境挑战的巨大潜力
（图片来源：汇图网）

中国，作为世界上负责任的大国之一，在推行绿色建筑、倡导低碳生活方面更加不遗余力。根据中国建设部“绿色建筑”推行计划，2020 年，要通过进一步推广绿色建筑和节能建筑，使全社会建筑的总能耗能够达到节能 65% 的总目标。一场建筑史上最波澜壮阔的绿色革命，正在中国大地蓬勃展开。

（来源：中华人民共和国住房和城乡建设部，2011）

09 淘汰白炽灯泡，中国力推减排

中国政府表现出一个“建设者”、“大国”的姿态，首先宣布白炽灯淘汰路线图。国家发改委宣称，中国从 2016 年 10 月 1 日起，禁止进口和销售 15 瓦以上普通照明白炽灯。使用高效照明产品替代白炽灯，预计可形成年节电 480 亿千万时，减少二氧化碳排放 4800 万吨的能力。

国务院常务会议通过《“十二五”控制温室气体排放工作方案》。未来 5 年，单位国内生产总值二氧化碳排放要比 2010 年下降 17% 的目标被分配给了各省（区、市），减排的效果也将被看成地方经济社会发展，甚至干部政绩考核的重要指标。国家发改委《“十二五”控制温室气体排放工作方案》中，已经确定了分解到各省（区、市）的具体指标。

（来源：国家发改委，2012）

10 倡导低碳生活，节约宝贵能源

虽然我们对气候造成的影响还难以确定，但还是应该尽量倡导低碳生活。不要消耗太多的能源，减少掠夺性的开发，为我们的子孙后代留下更多资源。

——关掉多余的电灯。白天少开或关掉电灯，夜晚家里人尽量在同一个房间里活动，进出家门时随手关灯。

——及时关掉电脑。统计数据显示，家庭中 75% 的用电都消耗在使电视、电脑和音响等保持待机状态上。如果一台电脑每天使用 4 小时，其他时间关闭，那么每年能节省约 500 元人民币。

——多乘公交车。减少此类排放量的最好办法之一是：乘坐公交车。美国公共交通联合会称，公共交通每年节省近 53 亿升天然气，这意味着能减少 150 万吨二氧化碳排放。

——网上付账单。在网上进行银行业务和账单操作，不仅能够挽救树木、避免在发薪日开车去银行，排放不必要的二氧化碳，还能减少纸质文件在运输过程中所消耗的能源。

——解下领带。2005 年夏天日本商界白领换上领子敞开的浅色衣服。那年夏天，政府办公室的温度一直保持在 28℃。整个夏天，日本因此减少排放二氧化碳 7.9 万吨。

——舍弃牛排。联合国数据显示，全球肉制品加工业排放的温室气体占排放总量的 18%。如果你转作素食主义者，每年二氧化碳排量将减少约 1.5 吨。

——打开一扇窗。打开一扇窗户，取代室内空调；夏天使用空调时，温度稍微调高几度。数据统计表明，只要所有人把空调调高一度，全国每年能省下 33 亿度电。

——挂根晾衣绳。洗衣时用温水，而不要用热水；衣服洗净后，挂在晾衣绳上自然晾干，不要放进烘干机里。

——自备购物袋。每年全球要消耗超过 5000 亿个塑料袋，其中只有不到 3% 可回收。塑料袋掩埋后需上千年时间才能实现生物递降分解，期间还要产生温室气体。下次去购物别忘记自备购物袋。

——种一棵树。事实上，“捕捉”二氧化碳的能手就是树木本身。要是你嫌自己种树太麻烦的话，至少可以捐钱给环保组织，让他们代劳。

（来源：网络《博爱人间》，2010）

11 养成良好习惯，践行低碳生活

——衣：首先认识衣料来源。选购纯棉、全麻等自然材质，才可回收再生。依洗标来购衣及保养衣服，以延长衣服的寿命。二是需求量的决定，依洗衣的次数、家中的容量、生活方式、经济状况等四要素来决定购衣频率，尽量控制好，不要超量，重质不重量。三是旧衣新穿：自我的认知：体态、肤色、生活形态的考量。找出流行的重点：如长短、色调等，一般以简单、好的剪裁最能表现出人与素材的互动关系。配件因体积小、变化多、效果佳、收藏较易，如围巾、别针、皮带，少量的衣服即可靠配件来凸显穿衣艺术的效果。

——食：首先每年 4 月 22 日地球日吃素一天。畜牧业消耗大量的谷、豆类，也消耗大量水；为了放牧牛羊及饲养猪鸡，牺牲原始森林，造成温室效应。其次少吃，在家烹煮、外食分量恰到好处，吃不完打包回家。三是拒用保丽龙，并要求自助餐店或咖啡店使用纸杯。保丽龙是一种致癌物质，它同时破坏保护地球的臭氧层。喝咖啡的保丽龙杯子、自助餐盘子在几百年后还是垃圾，继续污染环境。

——住：首先多用二手家具。无论买房子、租房子，多利用二手家具，既可回收再利用、节省资源，若能在办公室、社区、网络举办定期二手旧货交换的跳蚤市场，既环保，又可互助，增进人际间的情谊。二是多用植栽绿化来做居家布置。居家勿做过度性的装潢布置，应以简单、天然为原则。居家布置不必过多地要人造的材料，不妨多用生态性的自然材料。多种花草盆栽，尽量用本土性的树种，家中有庭院的多留天然性的泥土，少用水泥或硬质性的铺面。三是请用器皿盛水，洗果菜、碗盘、刷牙、洗脸，以节约珍贵的水源。四是房间之电源、冷气集中使用。尽量少一间房间开一部冷气，人少时尽量集中办公，减少冷气、电灯用量。

——行：首先走楼梯，不乘电梯。住在大楼者，无论是在办公室或是在家里，若不赶时间，不妨试着不乘电梯，改走楼梯，既节省能源，又可运动健身。二是出门多走路、骑自行车、利用大众运输系统，少开车和骑摩托车。

——其他：如果您饲养宠物，请拒绝购买猫狗防虫圈。当您丢弃猫狗防虫圈，其杀虫剂的成分，对地球的杀伤力很强，并会对动物的身体造成严重的伤害。二是拒绝购买用动物做实验的产品。大量残忍无谓的动物实验计划，除浪费纳税人的税金，造成自然基因遗传的问题之外，亦对生态环境与重大卫生问题没有太多的协助与改善。三是拒绝拿取或使用气球。气球是非常难分解的化学品，除此之外，当气球飘走，还可能导致野生动物老鹰、鲸或海龟等误食而死亡的现象。倡导消费者重拎布带子、重提菜篮子，减少使用塑料袋。

（来源：国家环保部网，2009）

12 厉行资源节约，发展低碳经济

发展低碳经济是我国统筹经济发展与应对气候变化的根本途径和战略选择。低碳经济是以能源高效利用和清洁开发为基础，以低能耗、低污染、低排放为基本特征的经济发展模式。发展低碳经济与我国坚持节约资源、保护环境的基本国策，建设资源节约型、环境友好型社会，走新型工业化道路是一致的。低碳经济有两个基本特征：一是社会再生产全过程的经济活动低碳化，把 CO_2 排放量最小化乃至零排放，获得最大的生态经济效益；二是低碳经济倡导能源经济革命，形成低碳能源和无碳能源的国民经济体系，真正实现生态经济社会的清洁发展、绿化发展和可持续发展。推动低碳经济要着力于两个根本转变，一是现代经济发展要由碳基能源为基础的不可持续发展向以低碳或无碳能源经济为基础的可持续发展转变；二是能源消费结构由石化高碳型黑色结构，向低碳化洁净能源绿色结构转变。

发展低碳经济已经成为我国可持续发展战略的重要组成部分。当前，我国经济和社会发展也受到国内能源资源保障和区域环境容量的制约，节约能源、优化能源结构，转变经济发展方式，走低碳发展道路，既是应对气候变化、减缓二氧化碳排放的核心对策，也是我国突破资源环境的瓶颈性制约，实现可持续发展的内在需求，两者具有协同效应。我国已不能沿袭发达国家走以高能耗和高碳排放为支撑的发展道路，必须探索新型的低碳发展之路。在中近期内大幅度提高能源效益，提高单位碳排放产生的经济效益，要长期控制甚至减少二氧化碳排放总量，建立并形成以新能源和可再生能源为主体的可持续能源体系，实现经济发展与二氧化碳排放脱钩，实现经济、社会与资源、环境相协调的可持续发展。

协调经济发展和保护气候的关系的根本途径在于大幅度提高“碳生产率”，也就是大幅度降低国内生产总值的碳强度。大幅度降低国内生产总值的二氧化碳强度是我国中近期内发展低碳经济、减缓碳排放的核心任务。在全球保护气候的长期目标下，碳排放空间将成为比劳动力、资本、土地等其他自然资源更为紧缺的生产要素。全球发展低碳经济的潮流正在改变世界经济、贸易格局，加大对新能源和环保产业的投入，也成为当今世界各主要国家应对经济危机、实现绿色复苏的关键着力点。到2050年，世界经济增长将达到目前的4～5倍，而二氧化碳排放却需减少50%左右。我国要顺应世界经济、技术变革的潮流，抓住机遇，促进先进能源技术创新，促进产业结构的调整和升级，从而促进发展方式的根本性转变。

（来源：何建坤，2010）

13 依靠科技进步，发展低碳农业

当前世界农业正处在一个由“高碳”向“低碳”的转型期。联合国和世界银行报告《国际农业知识与科技促进发展评估（2008）》中指出：“世界需要一个从严重依赖农药和化肥对环境破坏很大的农业模式转化为对环境友好、能保护生物多样性和农民生计的生态农业模式”。世界农业正步入有机、生态、高效的现代农业发展期，即低碳农业经济时代。

低碳农业是应对气候变化的有效途径，是以减缓温室气体排放为目标，以减少碳排放、增加碳汇和适应气候变化技术为手段，通过加强基础设施建设、调整产业结构、提高土壤有机质、做好病虫害防治、发展农村可再生能源等农业生产和农民生活方式转变，实现高效率、低能耗、低排放、高碳汇的农业。

农业在全球温室气体循环中具有“双刃剑”的作用，它既是碳“源”，又是碳“汇”，即具有排放和吸储碳的两面特性。一方面，农业是温室气体的排放源。耕地释放出大量的温室气体，超过全球人为温室气体排放总量的30%，相当于150亿吨的二氧化碳。农业要为人为温室气体排放的14%负直接责任——如果再加上因为扩大农耕和放牧面积而砍伐森林产生的二氧化碳，这一数字几乎高达1/3，农业生产系统已然成为温室排放的重要部分。另一方面，农业也是温室气体减排的吸收汇。低碳农业模式可以抵消掉80%因农业导致的全球温室气体排放量。减免工业化肥的生产每年可为世界节省1%的石油能源，而禁止化肥的使用还能降低30%的农业温室气体排放。因此，低碳农业模式是在维护全球生态安全、改善全球气候条件背景下产生的现代农业新形态。

“十二五”期间，我国应从提高农业自身应对全球气候变化能力、降低农业温室气体排放、增加农业温室气体碳汇、提高农业效益及农产品产量等问题的入手，建立起一套完整的低碳农业生态补偿技术体系，为我国在全球气候变化背景下的农业政策制定和行动提供科学决策依据。发展低碳农业将坚持不懈地加强农业基础地位，走农业可持续发展道路，减缓农业源温室气体排放，开展农田水利基本建设，推广抗旱、抗涝、抗高温、抗病虫害等抗逆品种，提高农业适应气候变化的能力，走中国特色农业现代化道路，确保主要立足于国内生产，保障国家粮食安全。

减缓温室气体方面，我国应大力普及农村沼气，发展秸秆气化、固化，开发太阳能、风能、微水电等可再生能源，替代化石燃料减少二氧化碳排放。加快省柴灶、节能炕和节煤炉的升级换代，推进农业机械节能，降低化石能源消耗；转变生产方式，减少农田和畜禽养殖的甲烷和氧化亚氮排放。推广秸秆还田、保护性耕作和禁牧、休牧、退牧还草等措施，增加农田土壤和草地碳汇。

适应气候变化方面，不断优化区域布局和农产品种植结构，加强以农田水利为重点的农业基础设施建设，培育高产、抗逆农作物品种，实施测土配方施肥、病虫害监测预警，增强农业防灾抗灾减灾和综合生产能力。

（来源：张新民，2010）

14 应对气候变化，发展绿色能源

日前，肯尼亚政府宣布将投资5.33亿英镑建造全非洲最大的风力发电场，装机容量达到300兆瓦。建成后，它将能满足肯尼亚全国1/4的用电量，而这一比例也将是全球最高。

世界上最热的地方或将成为世界上对抗全球变暖最为有力的阵地。目前，肯尼亚国内近3/4的电力来自水电，另有11%来自地热。这一能源结构从全球标准看来已经非常绿色。而新建的图尔卡纳风电场将是肯尼亚向绿色国家迈进的又一大步。图尔卡纳风电场将占地6.6万公顷，在世界上最大沙漠湖的东部边缘地带。风电场将装备有365个高科技风力涡轮机。除了图尔卡纳项目，非洲银行和私人投资者已经计划在著名的旅游城市奈瓦沙附近建立第二个大型风力发电场。在首都内罗毕附近的昂山上已经建成了6台来自丹麦维斯塔斯公司的巨型风力发电机。

非洲进入绿色能源快速发展期。目前，整个非洲只有北非的摩洛哥和埃及建有大型商业风力发电场。据统计，到2008年年底，整个非洲的风力发电装机容量只有593兆瓦。但是现在，撒哈拉以南非洲已经开始进入绿色能源快速发展期。埃塞俄比亚政府已经批准了一项投资 1.9 亿英镑、装机容量 120 兆瓦的风力发电场项目，建成后将可满足埃塞俄比亚 15% 的电力需求。坦桑尼亚政府也在日前宣布，将在辛吉达地区建造两个大型风电场，将产生至少 100 兆瓦的电力，满足国内 10% 的电力需求。南非政府宣布，用减少关税来鼓励发展风电，而且政府将大力补贴风电的上网价格。埃及已经计划在 2020 年之前，将风力发电装机容量提高到 7200 兆瓦，满足该国 12%的能源需求。摩洛哥在同一时期的目标是 15%。随着碳信用额度市场慢慢形成，其他可再生能源也将起飞。肯尼亚正在计划迅速扩大地热发电。此外，太阳能也将进入快速发展。德国也已经计划投资 4000 亿欧元在撒哈拉建造太阳能发电场。

目前，中国超过 70%的能源来自煤炭，正在改变对煤炭等化石能源过分依赖。中国具备提高风电和太阳能光伏发展的条件和能力。到 2020 年，中国计划将可再生能源在一次能源中的比例提高到 16%，风电和太阳能光伏装机分别达到 1.18 亿千瓦和 2500 万千瓦。

（来源：中国能源网，2010）

肯尼亚投资 5.33 亿英镑建造非洲最大的风力发电场，装机容量达到 300 兆瓦。建成后，将满足肯尼亚全国 1/4 的用电量，这一比例也属全球最高（图片来源：汇图网）

15 实施低碳新政，建设低碳城市

全球气候变暖对人类文明形态和国际秩序将造成深层次冲击。世界各国应对气候变化的努力将重塑国际经济政治关系。目前世界各国在发展低碳经济、低碳技术方面正站在同一条起跑线上，谁能抢先发展好低碳技术和低碳产业，谁就能在新一轮经济增长中占据主动权，成为世界经济发展的“领头羊”。

气候变暖所带来的影响将是全方位的，也会造成整个国际秩序的大变动。世界各国应对气候变化问题的共同努力，将促使国际贸易、国际政治规则发生变化，从而改变国际政治经济关系。各国在环境损害责任、发展的平等权利、减排义务分配、技术转移和资金补偿等方面的不同立场，将会形成代表不同利益群体的政治集团，改变国际政治外交格局。气候变化将影响国际产业布局和国际贸易，国际产业转移承接国的负担将更大，排放权交易成为国际贸易的新领域。气候变化将进一步突出跨境资源争夺、国际责任分摊等国际问题，气候问题甚至可能成为激化国际冲突的导火索。

气候变化问题将转变人类价值观念。人类传统的价值观念是建立在衡量物质投入、资本投入和劳动投入价值的基础上的。气候暖化问题使排放权、排放空间等非物质权益变得具备经济价值，排放权能够在市场上交易买卖，获得经济收益。传统的人类价值观“以人为中心”，强调人的价值，自然界只是为人类谋福利的手段。气候暖化问题的出现，使人类的价值观从“以人为中心”向“人与自然和谐”转变，强调人类主动改造自我，通过调整自身行为和生活方式遏制气候变化，实现“人与自然和谐共处”。谁率先取得与大自然和谐，谁就能率先在道德文化上占据制高点。

气候变暖问题将调整经济社会发展方式和人类生活方式。气候变暖问题虽然表现为环境问题，但归根结底是发展问题。化石燃料长期、大量消费导致的温室气体累计排放是当前气候变化的主要原因。未来经济增长面临着温室气体排放空间的约束，兼顾经济发展与低碳排放，必须在经济增长方式、产业结构、要素投入、能源结构、科技创新和体制机制上出台新举措。

应对全球气候变暖全球正在行动，中国必须行动。应对全球气候变暖，城市必须行动，就是要以制定实施“低碳新政”为切入点，加快打造低碳城市。为此，必须对低碳经济相关概念进行深入研究，界定低碳城市、低碳经济、低碳社会、低碳生活、低碳交通、低碳建筑、低碳循环、碳交易、碳足迹、碳金融、碳基金、碳关税、碳中和、碳汇等相关概念的内涵和外延，完善“低碳新政”。我们只有一个地球。应对全球气候变暖引发的生态危机、生态灾难，是全人类的共同责任，任何一座城市，任何一个团体、机构、企业和个人都不能游离于外。要制定并实施好“低碳新政”，加快建设“六位一体”的“低碳城市”，为应对全球气候暖化带来的挑战作出积极贡献。特别是要在广大市民中积极倡导低碳生活方式：少用空调，多吹风扇；自备水壶，少喝瓶装水；尽可能回收废弃物，做好垃圾分类；不使用一次性餐具；洗澡时用淋浴方式，并使用节水型喷头；自然晾晒衣服，尽量不使用洗衣机的甩干功能；尽量选用公共交通工具，多步行、骑自行车或免费单车、乘坐轻轨或者地铁，多爬楼梯；乘坐飞机旅行时尽量少携带行李；使用节能灯泡替代钨丝灯泡；尽量食用本地应季蔬菜；多用电子邮件等即时通讯工具，少用打印机、传真机；在不使用时，及时关掉你的电脑显示器和电视机；在购物时尽量选择本地产品、季节产品及包装简单的产品；尽可能采用电话会议的方式组织会议；多植树，多种花草；多利用井水、河水灌溉绿化或洗东西，尽量节约自来水。

（参考：人民网，2009）

16 推进生态文明，建设美丽中国

胡锦涛同志在十八大报告中指出：建设生态文明，是关系人民福祉、关乎民族未来的长远大计。面对资源约束趋紧、环境污染严重、生态系统退化的严峻形势，必须树立尊重自然、顺应自然、保护自然的生态文明理念，把生态文明建设放在突出地位，融入经济建设、政治建设、文化建设、社会建设各方面和全过程，努力建设美丽中国，实现中华民族永续发展。

生态文明是人类文明的一种新形态，这种文明形态以尊重和保护自然为前提，以人与人、人与自然、人与社会和谐共生为宗旨，以建立可持续的生产方式和生活方式为内涵，致力引导人们走持续、和谐发展的道路。生态文明是人类对传统文明形态特别是工业文明进行深刻反思的成果，也是人类文明形态发展的飞跃。

生态文明从根本上体现了我们党对新世纪新阶段我国基本国情和阶段性

天蓝、山绿、水净（图片来源：汇图网）

特征的科学判断，体现了我们党对人类社会发展规律和社会主义建设规律的深刻把握。从当前我国的基本国情来看，虽然我国地大物博，但人均资源占有量低，加上过去长期实行粗放式经济增长方式，使资源、能源消耗很快，生态环境恶化问题日益突出。在这种情况下，如果我们的生态系统不能持续提供必要的资源、能源和良好的环境条件，那么物质文明的持续发展就会失去基础，进而导致整个社会文明受到威胁。

生态文明建设是一项系统工程，第一要在思想上正确认识生态环境保护与经济社会发展的辩证关系，努力在全社会树立尊重自然、顺应自然、保护自然的生态文明理念，增强全民节约意识、环保意识、生态意识，营造爱护生态环境的良好风气。第二要坚持节约资源和保护环境的基本国策，切实将保护环境上升到国家意志的战略高度，真正把生态文明建设融入我国经济建设、政治建设、文化建设、社会建设各方面和全过程。第三要优化国土空间开发格局，严格控制开发强度，努力调整空间结构，促进生产空间集约高效、生活空间宜居适度、生态空间山清水秀，给自然留下更多修复空间，给农业留下更多良田，给子孙后代留下天蓝、地绿、水净的美好家园。第四要全面促进资源节约，推动资源利用方式根本转变，提高利用效率和效益。第五要加大自然生态系统和环境保护力度，坚持预防为主、综合治理，以解决损害群众健康最突出的环境问题为重点，强化污染防治力度。第六要加强生态文明制度建设，进一步健全与我国经济社会发展特点和环境保护决策相一致的环境法规、政策、标准和技术体系，切实把资源消耗、环境损害、生态效益纳入经济社会发展评价体系，建立体现生态文明要求的目标体系、考核办法、奖惩制度，努力形成生态文明建设的长效机制。

生态文明建设要树立尊重自然、顺应自然、保护自然的生态文明理念，把生态文明理念融入经济建设、政治建设、文化建设、社会建设各方面和全过程，优化国土空间开发格局，加强生态文明制度建设，着力推进绿色发展、循环发展、低碳发展，更加积极地保护生态，为人民创造良好生产生活环境，努力建设美丽中国。

（参考：中国共产党第十八次全国代表大会报告，2012）

参考文献

1. 陈晨 . 聚焦亚太：4200 万人成气候移民 . 地球，2012，**4**：10.

2. 方精云 . 全球生态学 —— 气候变化与生态响应 . 北京：高等教育出版社，施普林格出版社 .2000.

3. 高峰 / 编译 . 全球变暖北极成为世界关注焦点 . 科学新闻杂志，2008-7-8.18.

4. 何建坤 . 发展低碳经济，应对气候变化 . 光明日报，2010 年 2 月 15 日 .

5. 黄荣辉，陈文，张强 . 中国西北干旱区陆气相互作用及其对东亚气候变化的影响 . 北京：气象出版社，2011.

6. 李灵燕，刘媛媛 . 浅谈二氧化碳捕获和封存 . 中国科技财富，2009，(20)：56.

7. 李兴 . 温室气体：最大制造者和最大受害者 . 百科知识 .2012，(1)：40-41.

8. 李裕，张强，王润元，肖国举，王胜 . 气候变化对食品安全的影响 . 干旱气象，2010，**27**（4）：367-372.

9. 里德布莱淞 . 下一个“冰川时代”即将来临？环球人文地理，2012，**6**：13-18.

10. 气候变化带来的 6 种疾病 . 环保科技，2011，1：9.

11. 任美锷 . 北极地区在全球气候变化中的意义 . 科学，2001，(4)：48-49.

12. 汤家礼 . 气候变暖给贫困国家“火上浇油”. 海洋世界，2009，(2)：1.

13. 小式 . 多米诺效应：永久冻土的消融 . 福布斯生活，2012 年 6 月 7 日 .

14. 肖国举，李裕 . 中国西北地区粮食与食品安全对气候变化的响应研究 . 北京：气象出版社，2012.

15. 肖国举，张强，李裕，张峰举，王润元，罗成科 . 气候变暖对宁夏引黄灌区土壤盐分及其灌水量的影响 . 农业工程学报，2010，**26**（6）：366-374.

16. 杨冬红，杨学祥 . 全球变暖减速与“深海巨震降温说”. 地球物理学进展，2008，**23**（6）：1813-1818.

17. 张强，王润元，邓振庸 . 中国西北干旱气候变化对农业与生态影响及对策 . 北京：气象出版社，2012.

18. 张强，李裕，陈丽华 . 当代气候变化的主要特点、关键问题及应对策略 . 中国沙漠，2011，**31**（2）：492-499.

19. 张新民．中国低碳农业发展的现状和前景．农业展望，2010，(12)：46-49.

20. Eyring V，Stevenson D S，Lauer A，*et al.* Multi-model simulations of the impact of international shipping on Atmospheric Chemistry and Climate in 2000 and 2030.*Atmos.Chem. Phys.*，2007，**7**：757-780.

21. Gretchen C D，Paul R E. Managing earth's ecosystems：An interdict plenary challenge. *Ecosystems*，1999，**2**：277-280.

22. IPCC. *Climate Change 2001. The Scientific Basis*. Cambridge: Cambridge University Press, 2001.

23. IPCC.*Summary for Policymakers of Climate Change*：*The Physical Science Basis*. Contribution of Working Group to the Fourth Assessment Report of the IntergovernmentalPanel on Climate Change.Cambridge：Cambridge University Press，2007.

24. John Roach.Hurricanes Have Doubled Due to Global Warming. *National Geographic News*，July 30，2007.

25. Lothar Stramma，Gregory C.Johnson，Janet Sprintall，and Volker Mohrholz. Expanding Oxygen-Minimum Zones in the Tropical Oceans.*Science*，2008-5-2：655-658.

26. Ove Hoegh-Guldberg and John F Bruno. The Impact of Climate Change on the World's Marine Ecosystems. *Science*，2010-6-18：1523-1528.

27. Science News.Arctic Blooms Occurring Earlier：Phytoplankton Peak Arising 50 Days Early，With Unknown Impacts On Marine Food Chain and Carbon Cycling. *Science Daily*，Mar. 3，2011.

28. Snowstorm D C. How Global Warming Makes Blizzards Worse. *Forumer*, 2010, **2**：11.

关于作者

张强（1965—），男，甘肃省气象局副局长，研究员，博士生导师，博士后合作导师。新世纪百千万人才工程国家级人选，享受国务院政府特殊津贴专家，甘肃省领军人才第1层次人选，国家“863”项目评审专家，国家科技进步奖评审专家，甘肃省优秀专家。甘肃省干旱气候变化与减灾重点实验室主任、中国气象局干旱气候变化与减灾重点开放实验室主任、兰州国际环境蠕变研究中心主任、兰州大学兼职教授、中国科学院寒区旱区环境与工程研究所兼职研究员，是国内多家学术期刊的编委和《International Journal of Climate》、《Geophysical Research Letters》、《Agricultural Water Management》、《Journal of Arid Environment》、《Journal of Geophysics review》、《African Journal of Agricultural Research》、《Wudpecker Journal of Agricultural Research》等多家国际重要期刊的特约审稿人。

曾应邀去美国ARIZONA大学大气科学系工作访问近一年，并先后多次去美国、德国、挪威、瑞典、丹麦、意大利、澳大利亚、日本等国家或地区开展学术交流和访问。多年来，从事干旱气候和环境、干旱半干旱区陆面过程及大气边界层和大气湍流理论等领域的研究工作。曾先后主持完成10多项国家自然科学基金或其他国家级研究项目。

获“中国科学院自然科学奖”一等奖1项、甘肃省“科技进步奖”二等奖3项、中国气象局气象科技工作奖二等奖1项、“中科院自然科学奖”三等奖1项、江苏省“科技进步奖”二等奖1项，“首届邹竞蒙气象科技人才奖”、“赵九章优秀中青年科学家工作奖”、“全国气象科技先进工作者奖”和“甘肃省第一届优秀科技工作者奖”等多项奖励和荣誉。

在国内外主要学术期刊上发表学术论文300多篇，其中被SCI收录40多篇，被EI收录20余篇。出版专著9部，在报刊上发表科普文章21篇。发表论文被SCI引用数百次，被CSCD引用数千次。在近年出版的《中国期刊高被引指数》报告中均进入全国大气科学领域前10名。

联系信箱：zhangqiang@cma.gov.cn

肖国举（1972—），男，汉族，甘肃通渭人，博士，宁夏大学教授。教育部新世纪优秀人才，干旱气象学委员会委员，第10届科学中国人2011年度人物。主要从事农业生态学、环境生态学、全球生态学等方面的教学与科研工作。

《Air，Soil & Water Research》、《Universal Journal of Environmental Research and Technology》期刊编委。《Journal of Agricultural Science and Technology》，《Climatic Change》，《African Journal of Agricultural Research》，《Archives of Agronomy and Soil Science》等SCI收录期刊特邀审稿专家。

主持或参与国家重大科学研究计划、国家科技支撑计划、国家自然科学基金（重点）项目、科技部科研院所公益行业专项、国家公益性行业（气象）科研专项等项目20余项。获甘肃省“科技进步奖”二等奖1项，宁夏回族自治区“科技进步奖”二等奖、三等奖3项。

在《Agricultural Water Management》、《Soil & Tillage Research》、《Agriculture，Ecosystems & Environment》、《Journal of Environmental Sciences》、《Journal of Plant Nutrition and Soil Science》、《农业工程学报》、《生态学报》等国内外学术期刊发表论文60余篇，其中SCI/EI收录期刊15篇。

编著或参与编写《中国旱区农业》、《中国西北地区粮食与食品安全对气候变化的响应研究》、《中国粮食生产潜力分析》、《中国西北地区农作物对气候变化的响应》等专著8部。

联系信箱：xiaoguoju1972@163.com